FALL IN LOVE WITH THE KITCHEN

U0298821

爱上厨房

爱上美食的力量

翻糖MM

—— 著 ——

机械工业出版社
CHINA MACHINE PRESS

这是一本与食物有关的美食书，一本探讨怎样为自己、为爱人、为家人做好一顿居家餐的书。

这也是一本充满温情的美食书。它能治愈你的孤独，更能增进你与家人的感情。

本书按照家庭人数和餐食的特点分成了四篇，每篇均按照家庭人数和成员特点准备餐食，记录了近百种家庭大餐，分享了制作者的很多有趣的小故事，描述了煮饭人的心情和情感，丰富了家庭饭桌，提升了生活品质。内容分别为：一个人的好食光——15分钟搞定的简单美味餐；爱就是为她（他）煮好多好多顿饭——浪漫二人餐；有家就有幸福——花样多变的亲子三人餐；四世同堂大团圆——喜庆热闹的团圆餐。

此外，本书中每个菜品的操作步骤均以超高清图片进行记录，图文并茂，操作性极强。希望读者可以从本书中学到制作美食的方法，并且感受到制作美食的乐趣。

图书在版编目（CIP）数据

爱上厨房：爱上美食的力量 / 翻糖MM著. -- 北京：
机械工业出版社，2015.10

ISBN 978-7-111-51851-8

Ⅰ. ①爱… Ⅱ. ①翻… Ⅲ. ①菜谱 Ⅳ. ①TS972.12

中国版本图书馆CIP数据核字（2015）第247375号

机械工业出版社（北京市百万庄大街22号 邮政编码100037）
策划编辑：马 佳 责任编辑：马 佳 张馨月
责任印制：李 洋 责任校对：陈立辉
北京汇林印务有限公司印刷

2016年1月第1版·第1次印刷
184mm×260mm·12.75印张·228千字
标准书号：ISBN 978-7-111-51851-8
定价：48.00元

目　录

没有复杂的技法和特殊的食材，简简单单。

就希望你能，好好给自己做一顿饭，好好照顾自己。

一分分，一秒秒，时间如流水般在眼前流淌而过。

请不要辜负了生活，哪怕是一顿饭。

我们要珍惜每一餐食物，好好享用它，感受它。

不管你在什么地方，不管你正遭遇着什么，你只管好好吃你的饭，喝你的汤。

就算全世界与你为敌，好吃的，永远站在你这一边。

吃饱了，心暖了，明天请继续加油！

第二篇

爱就是为她（他）煮好多好多顿饭——浪漫二人餐 035

当围坐餐桌时，我们享受的不仅仅是一顿顿餐饭，还有我们的爱。
让时光慢下来，让阳光洒下来，让爱萦绕我们，让生活越品越有滋味。
做好每一顿饭、经营好我们相爱的每一天，好好享受、慢慢聊天，
让在一起的时光美好而难忘。

第三篇

有家就有幸福——花样多变的亲子三人餐 081

准备三口之家的菜谱，可不是那么简单的，
要照顾孩子的口味，要让全家一起享受动手的乐趣，
还想给家人尝尝时令菜的新鲜……
边计划一家三口的菜谱，边等着爱人和孩子的赞美声，
这种幸福只有煮饭的人才体会得到。

第四篇

四世同堂大团圆——喜庆热闹团圆餐 145

欢声笑语、其乐融融的景象，永远都离不开一桌丰盛的团圆饭。

一家大小，互敬互爱，共叙天伦，围坐在热气腾腾的饭桌旁，

就是透着那么一股喜庆热闹劲儿。

为家人煮饭，就感觉自己是世界上最幸福的那个人。

第一篇

一个人的好食光
——15 分钟搞定的简单美味餐

没有复杂的技法和特殊的食材，简简单单。

就希望你能，好好给自己做一顿饭，好好照顾自己。

一分分，一秒秒，时间如流水般在眼前流淌而过。

请不要辜负了生活，哪怕是一顿饭。

我们要珍惜每一餐食物，好好享用它，感受它。

不管你在什么地方，不管你正遭遇着什么，你只管好好吃你的饭，喝你的汤。

就算全世界与你为敌，好吃的，永远站在你这一边。

吃饱了，心暖了，明天请继续加油！

凉菜

一个人的鸡丝凉面

炎热的夏天，一个人吃什么？甩开闷热厨房，麻辣相逢——让人欲罢不能的鸡丝凉面。麻辣红油和花椒油的相逢，加上翠绿小葱，劲爽面条，视觉和味觉的双重冲击！做一次可以吃两天，随吃随拌。

配料

主料：鸡胸脯肉1块，面条250克，黄瓜2根，小葱4根。

辅料：青花椒15克，花椒15克，干辣椒15克，芝麻适量，花生1把，蒜2瓣，芝麻酱2勺，老干妈风味豆豉1勺，料酒少许，盐2小勺，糖1小勺，鸡粉1小勺，香油适量，酱油1小勺，水适量。

做法

1. 准备好所有材料。

2. 处理鸡胸脯肉，放入盐、葱、花椒、料酒，中火煮大概20分钟。

3. 彻底煮熟后，晾凉，用手撕成细丝。

4. 可同时用另一灶眼开火煮面条，以节省时间。

5. 面条煮熟后，过凉水，让面条彻底变凉。

6. 放在容器中铺平，倒入少许油，用手搓匀，这样面条保持顺滑不沾，将处理好的面条备用。

7. 在煮鸡胸脯肉的同时，可以将黄瓜擦成细丝，放入容器中备用。

8. 花生磨碎，备用。

9. 调麻酱：麻酱加入少许盐、糖、鸡粉、酱油，调匀备用。

10. 炸辣椒红油：鸡丝凉面的精髓就在这里。红油好看又香的秘诀是分次加入油。

11. 油烧热，分三次加入辣椒中，先加入1/3，用筷子搅拌均匀，再加入1/3，搅拌均匀。

12. 最后加入剩下的1/3，搅拌均匀后辣椒红油就做好了。

13. 青花椒和蒜末放在容器中，同样的步骤炸蒜油。

14. 用普通花椒炸花椒油。

15. 然后炸过的花椒捞出来不用，主要就是要借一点儿花椒的味道。

16. 真正提味的，也是我最喜欢的味道，是青花椒的味道。分两到三次加入油，每次加入后都搅拌均匀，蒜油做好后备用。

17. 切葱末，喜欢吃蒜的可以放点儿蒜末，这样就准备好所有的材料了，下面就是按照自己的口味调制自己的鸡丝凉面啦！

18. 取一个大碗，黄瓜丝垫底。

19. 面条放在上面。

20. 撒上麻酱，浇上一勺老干妈，老干妈在这里很提味，老干妈酱中用的各种香料，都是家庭制作的时候不太使用，而且很难凑齐的材料。用老干妈丰富的香料来提香面条是很好的选择。

21. 最上面放上鸡丝。

22. 浇上蒜油花椒油，最后浇上红油提辣。

23. 撒上小葱，完成啦！

24. 喷香喷香的鸡丝凉面。

鸡丝凉面配料一次基本上都吃不完，可以放入冰箱保存。做一次可以吃两天呢，而且随吃随拌不浪费哦！

凉菜

凉拌素四样，素食人生

茹素是一种生活态度，一种时尚，让自己更健康，生活更开心。

嫩绿的颜色，充满大自然气息的一道菜，凉拌素四样，莲藕、莴笋、木耳、荷兰豆蹦蹦跳跳就来到了你的盘子里，美味低热量。

配料

主料：藕半根，木耳（水发）1小把，莴笋1根，荷兰豆2两。

辅料：大葱8厘米一段，干辣椒2根，芝麻5克，盐1克，鸡精2克，生抽2毫升，香油少许，油10克。

做法

1. 食材准备：

所有食材清洗干净，木耳提前用水泡发备用。

藕洗净切片备用。

莴笋洗净去皮，随后切成薄片备用。

荷兰豆清洗干净备用。

2. 首先将莴笋片放在一个碗中，加入少许盐杀汤，腌制10分钟，将杀出的汤倒掉。

3. 煮一锅滚水，烫熟荷兰豆。荷兰豆只需要稍微烫一下即可，捞出后过凉水，随后沥干水分备用。

4. 同样方法将藕片煮熟，沥干水分备用。

5. 木耳煮熟沥干水分备用。

6. 将杀过汤的莴笋片，以及煮熟的荷兰豆、木耳和藕片放在一个大盆中。

7. 下面开始做凉拌的葱油调料。

8. 锅中将油烧热，将辣椒掰碎放入，小火微煎，待出香味即可。

9. 将葱末放入，同样小火微煎，煎至葱香四溢。

10. 最后将芝麻撒入锅中，微煎少许即可，葱油就制作好了。

11. 将制作好的葱油放入步骤6的蔬菜中。

12. 随后加入盐、鸡精、生抽、香油调味。

13. 搅拌均匀装盘即可食用。

凉菜

五彩蔬菜沙拉塔，简单生活

简单生活，也可以多姿多彩。多花点儿小心思，做一顿好看又美味的轻食，照顾好自己。

❀ 配料

烟熏三文鱼 6 片，奶油奶酪 50 克，洋白菜少许，紫甘蓝 3 片，黑胡椒适量，盐适量。

❀ 做法

1. 准备好所有食材，洋白菜切丝备用。

2. 奶油奶酪放至室温软化，用手动打蛋器搅打至均匀无颗粒状态，加入黑胡椒和盐适量。

3. 搅拌均匀成为细腻的糊状。

4. 紫甘蓝剥下来 3 片，使用模具压成圆形。

5. 如果没有模具也可以使用剪刀剪掉边缘，剪成圆形。由于紫甘蓝本身的弧度，可以形成一个碗状容器。

6. 在紫甘蓝中放入少许洋白菜丝，将步骤 3 中做好的奶油奶酪糊放入裱花袋中，挤出花型。

7. 下面将烟熏三文鱼做成三文鱼花，首先取一片三文鱼。

8. 将三文鱼的背部部分向内折叠。

9. 从一头卷起，直至卷到尾端。

10. 另取一片三文鱼，同样折叠后卷在刚才的三文鱼外面。

11. 整理形状后就是一朵好看的三文鱼花了。

12. 将三文鱼花放在步骤 6 中的奶油奶酪旁，这道五彩蔬菜沙拉塔就做好了。

微波炉鸡翅，是地狱还是天堂

忙碌一天，一个人下班回到家再忙晚饭，是不是觉得很烦琐？这道菜彻底解决了这些烦恼。微波炉15分钟搞定的超快鸡翅，好吃到吮手指。要注意吃相哦。

☸ 配料

鸡翅 1 斤、土豆 2 个、口蘑 6~7 个、糖 1 勺、料酒少许、盐适量、油 1 小勺、海天老抽酱油 20 毫升，葱 1 段、姜 1 小块，小葱适量。

☸ 做法

1. 准备好所有的材料。

2. 我使用的是普通微波炉，如果是变频的可能效果更好，出汤少些。如果使用的是微波专用盆会更好，带盖又可以散气。如果没有的话，可以使用保鲜膜，将盆包裹起来，扎几个出气孔即可，一定要使用微波炉可用保鲜膜。

3. 在鸡翅中加入盐和料酒，加入葱末、姜末，腌制一下。可以腌制半小时、1 小时，甚至 2 小时，时间越长会越入味。这里要说的是如果你很着急，马上就要做，也可以不腌制，只是入味会差一些。

4. 口蘑切丁。

5. 土豆切块。

6. 腌制后的鸡翅，将出汤倒掉。将切块的土豆和口蘑丁放入碗中，加入 1 勺糖。

7. 加入 20 毫升老抽酱油。

8. 加入适量盐，或者口味轻的不加也可以，随个人。

9. 随后加入 1 小勺油，将所有材料搅拌均匀。

10. 覆盖上保鲜膜。

11. 用牙签戳几个小孔，放入微波炉加热 15 分钟即可。

12. 做好后盛出来装盘，然后撒上切好的小葱，也可以撒上芝麻少许。一盘香喷喷的微波炉鸡翅就做好啦。

热餐

快手三明治，随心随性，好过瘾

三明治是很随心的一种食物，喜欢什么就夹什么。沙拉，鸡蛋，火腿，奶酪，西红柿，满足你一切任性随意的要求。

❀ 配料

鸡蛋土豆沙拉：鸡蛋2个，土豆2个，黄瓜半根，沙拉酱60克左右（可随自己喜好增减），盐适量，胡椒粉适量，糖少量。

原味切片面包，方火腿，奶酪片，可按喜好增加西红柿以及生菜。

❀ 做法

1. 首先制作鸡蛋土豆沙拉。我个人很推荐这个将土豆做熟的方法，因为真的很简单。做熟土豆是个很麻烦的事情，一般都是蒸，可是蒸时间又长还要刷锅，并不方便。我这次使用的是微波炉做熟，非常快速，大概5~8分钟。现在，请将土豆洗净，不需要去皮。

2. 用微波炉可用的保鲜膜包裹起来，包裹得要紧密。放入微波炉中高火加热5~8分钟，时间长短视土豆个头而定，其间可以拿出来翻动一次。

3. 土豆蒸熟后，晾凉一些，可以轻松用手撕去表皮。去掉表皮后切块。

4. 蒸土豆期间，将黄瓜切丁。

5. 撒上一勺盐杀汤，将出汤倒掉。

6. 鸡蛋煮熟，将蛋黄和蛋白分开。

7. 蛋白切块，和黄瓜丁以及土豆放入一个大盆中备用。

8. 蛋黄放入碗中，将沙拉酱、盐、胡椒粉、糖也放入碗中，搅拌均匀。

9. 将蛋黄沙拉酱放入土豆沙拉中备好的料理搅拌均匀，土豆沙拉就完成了。

10. 将土豆沙拉夹在两片面包中，可随自己喜好，加入方火腿、生菜等食材，将土司边切掉，对角线切开呈三角形，如此就完成啦。

热餐

不想出门的红烧金目鲷

懒懒不想出门的日子，就连买菜都觉得麻烦。翻开冰箱，发现一条冰冻的鲷鱼，就你了！日式红烧金目鲷，这道菜是在日本美食节目中学习的，这种烧的方法在日本很常见，不一定非要使用金目鲷，其他鱼类也可以，特别适合家中冰冻的海鱼。最重要的是日餐讲究精致，可以学习我的配料选择以及摆盘方法，稍加点缀，即可将普通食材变成可以招待客人的大菜。

配料

主料： 金目鲷 1 条。

配料： 笋 200 克，香菇 2 朵，葱适量。

调料： 日式酱油 150 克，味淋 200 克，柴鱼高汤精 10 克（这个是代替木鱼花的），冰糖 5 克。

做法

1. 将鱼收拾干净，头尾剁下作为煮高汤用的料，中段切 2~3 段备用。笋取上面最嫩的部分切成如图所示的形状，下面比较老的部分切成厚片。香菇切花刀。

2. 头尾加水煮高汤，加入 100 克味淋，50 克酱油，柴鱼高汤精（也可以是木鱼花）煮 15~20 分钟。

3. 煮好的高汤过筛，只取高汤。

4. 味淋是比较重要的调味料，去腥效果比较好。酱油用一般的日式酱油就可以，不必用吃生鱼专用的酱油。

5. 在锅中加入高汤，之后加入酱油。

6. 加入味淋。

7. 摆入材料，一般为了装盘漂亮鱼是不翻面的，所以可以在鱼的下面垫上刚才切好的大片笋。

8. 小火炖鱼，炖的中间步骤，可以用汤勺盛鱼汤反复浇到鱼上入味。注意食材不要糊底。

9. 炖约 20 分钟鱼就熟了，此时可以开始收汤，开始收汤以后可以加一点点冰糖，这样汤汁的光泽更好。收到汤汁黏稠就完成了。

10. 最后装盘，加上葱丝就大功告成了。

热餐

辣白菜五花肉炒饭，我是无敌的米饭

米饭，能搭配所有食材的米饭，我是米饭女主，只要是米饭，无论什么做法吃起来都很开心。辣白菜五花肉炒饭，米饭和辣白菜的无敌组合，搭配上半熟的荷包蛋，我真的无法拒绝！

配料

主料： 辣白菜 200 克，五花肉 100 克，洋葱少许，米饭 200 克，鸡蛋 1 个。

辅料： 盐 3 克，鸡粉少量，糖少量。

做法

1. 洋葱切碎，五花肉切薄片。

2. 辣白菜先将汤汁滤掉，把菜捞出来切碎。

3. 起锅，少油，先炒五花肉。

4. 五花肉炒至变色，盛出备用。

5. 锅中放入洋葱炒熟。

6. 放入切好的辣白菜，翻炒至出香气。

7. 放入五花肉翻炒。

8. 放入米饭，米饭最好提前用手捏散，这样比较好炒。

9. 将米饭和辣白菜翻炒均匀。

10. 把之前滤出的辣白菜汤汁倒进去，味道会更好，颜色也更美。

11. 放入盐、糖和鸡精调味，将所有材料彻底翻炒均匀。

12. 将米饭盛出装盘，煎个荷包蛋放最上面就完成啦！

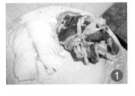

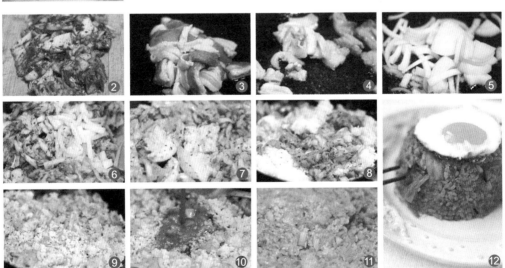

三文鱼葱饭，深夜的厨房

　　《深夜厨房》，让我想起的是一部日本电视剧，里面的每一道美食都有故事，深夜的美食，温暖身体的同时也温暖了心。这一道日式小轻食，甜美三文鱼搭配米饭，能否温暖爱三文鱼的你的心呢？

配料

三文鱼 100 克，大葱 1 小段，米饭 100 克，蛋黄 1 个，酱油适量。

做法

1. 准备食材。

2. 将三文鱼去皮去骨，剁成三文鱼泥。

3. 将大葱切成细细的葱花。

4. 取一容器，将三文鱼泥和葱花放在一起。

5. 将三文鱼泥和葱花混合均匀。

6. 将米饭放在碗中，随后将和葱花混合后的三文鱼泥摆在米饭上面。

7. 在中央放上一个蛋黄。

8. 点上适量酱油，就做好了，可按照自己口味边吃边加酱油。

优质懒人版比萨

　　招待朋友来家小聚，端出一张外表精致、味道地道的比萨，一定会惊艳全座。其实谁能想到，这比萨其实是非常简单的呢！练就一手好菜，准没错儿！

❀ 配料

面饼： 高筋面粉 120 克，水 80 克，酵母 5 毫升，盐 2 克，白砂糖 5 克，橄榄油 8 克。

辅料： 市售比萨酱 80 克，马苏里拉奶酪 200 克，米斯特肠适量。

❀ 做法

1. 准备好所有材料。

2. 将除了橄榄油以外的做比萨面饼用的所有材料放入一个盆中，揉成面团，此过程面团比较粘手，要揉大约 15 分钟面团才能渐渐成型。

3. 在面团盆中放入橄榄油，继续揉面团，此面团水量较大，会比较粘手，需要多些耐心。揉 20~30 分钟，面团起面筋后会变得光滑不再粘手。

4. 直至面团揉至扩展阶段，能将面团抻拉成薄薄的薄膜即为揉好。

5. 盖上湿布，放在温暖潮湿的地方发酵一小时。

6. 发酵后面团会变成原来的两倍大，插入手指，空洞不会回缩。

7. 撒些干粉防粘，揉面团，为面团排气。

8. 将面团重新揉成小团，盖上湿布醒发 20 分钟。

9. 让面团继续发酵到比刚才大一圈。

10. 撒些干粉防粘，用擀面杖将面团擀成圆饼状。

11. 放入比萨饼模具，我用的是8寸的比萨饼盘。用手按面饼直到完全平整覆盖模具。用叉子在面饼上插些小孔，防止烘烤时变形。

12. 抹上市售的比萨酱，边缘留1厘米左右不涂。

13. 撒上一层马苏里拉奶酪。

14. 铺上米斯特肠。

15. 在米斯特肠间隙再铺上一层马苏里拉奶酪。

16. 将比萨饼放入预热好的200度烤箱，烤20分钟左右即可。

热餐

失眠与打卤面

一个人的夜晚，味蕾会不自觉地怀念起家的味道。家的味道到底是什么？其实就是小时候常吃的家常菜，奶奶姥姥的拿手菜。记住了那些味道，长大就会怀念。姥姥把拿手菜教给妈妈，妈妈又教给了你，你会教给自己的孩子，家的味道就这样一代代传承下去。

来一碗记忆中的打卤面，会温暖身和心。

🌸 配料

主料： 猪肘 1 只，面条 500 克，虾 10 只，干香菇 15 朵，木耳 (水发)15 朵，干黄花菜 1 小把，鸡蛋 2 个。

辅料： 老抽 20 毫升，生抽 20 毫升，食盐 5 克，花椒 1 小把，植物油 20 毫升，葱 2 段，姜 1 块，淀粉 15 克。

🌸 做法

1. 用火燎去猪毛，让肉皮更紧。烫掉血水，入锅开始炖，文火炖上一晚上，炖的时候放盐、葱、姜即可，直至炖出奶白色汤。

2. 干木耳和香菇提前泡发，虾选个头大的，剥出虾仁备用，香菇切片，木耳切成小块。

3. 肉汤下锅煮开，放入香菇和木耳，还有黄花。

4. 放入虾。

5. 放入老抽、酱油调色。

6. 放入生抽提味。

7. 放入盐调味，大概是如图的颜色就可以了，煮大概 20 分钟，香菇和木耳煮熟。

8. 加入淀粉水，淀粉水多少、浓厚自己定，喜欢吃稀的就少放一点儿，喜欢吃稠的就多放一点儿。

9. 加入打散的两个鸡蛋，一定先加淀粉水然后再加鸡蛋，顺序不能错，不然鸡蛋花会很难看。

10. 拌均匀蛋花。

11. 最后一步，烧花椒油少许。油不在多，主要是要花椒油那个味道提味。

12. 将花椒油浇在卤子上。

13. 煮好面就可以出锅啦，卤子浇在面上即可食用。

想念蒜香面包的味道

匆匆走过街头，路过街角的面包店，会闻到很香很香的味道，走进去看到货架上刚烤好的蒜香面包，总会忍不住买上几块。偶尔特别想吃的时候，花上十几分钟，就能吃到这道蒜香面包啦！

❀ 配料

黄油 40 克，大蒜 5 瓣，面包 8~10 片。

❀ 做法

1. 准备好所有食材。

2. 将大蒜搓成蒜茸，和黄油放入同一碗中，放入微波炉微波 1~2 分钟，直到黄油全部溶化。

3. 将蒜茸黄油均匀地抹在切片的面包上。

4. 将抹好蒜茸黄油的面包放入烤箱中，170 度烤 5~8 分钟，直至面包表面焦黄。

Tip 如喜欢小葱，可加少量小葱提香。

5. 如此，蒜香面包就做好了。

减肥时的草莓大福

跟 Miss 草莓谈恋爱，早春的气息，甜美的草莓，赏心悦目的颜色，怎么看这道草莓大福都是那么对味，但是……在减肥，算了，吃一个也好。

配料

主料： 糯米粉 150 克，玉米淀粉 40 克，色拉油 20 克，水 240 克。

配料： 红豆沙210克，草莓7个，熟糯米粉（干粉）适量。

（可做7个大福）

做法

1. 制作大福面团。将主料中所有材料：放入一个大盆中（此盆需要放入微波炉）。

2. 加水将材料搅拌成稀面糊。

3. 放入微波炉中高火烹饪，开始时每隔一分钟拿出来将面糊搅拌一次。

4. 随着时间的推移，面糊会越来越黏稠，

当面糊开始呈现半透明时，就改为每30秒钟搅拌一次。

5. 最后当所有面糊都呈现半透明状态时，表明面团已经熟了，总时长约为 4 分 30 秒。（按照各家微波炉功率不同时间需要自行调整）。

从微波炉中取出，搅拌面团直到面团彻底晾凉，大福面团就做好了。

> **Tip** 取一小块面团尝一下，没有生粉味道，面团就是全熟了。如果时间不够，可以30秒为单位增加加热时长。

6. 开始制作草莓大福内馅，草莓洗净去蒂，红豆沙使用的是市售的。

7. 将红豆沙分为 30 克／份。揉成圆团后在中央位置压一个坑。

8. 将草莓放入坑中。

9. 将红豆沙向上推，直到包裹住草莓，但草莓要露出草莓头，这样做出来的大福好看。

10. 将晾凉的大福面团，分为 50 克／份的小面团。戴上手套，将面团揉圆后在中心位置压一个小坑。

> **Tip** 大福面团不粘手的要领有两个：
> 1. 面团搅拌至彻底晾凉至室温，不能有一点儿余温。
> 2. 操作时候要戴上手套，不要用手直接去捏。

11. 将做好的包裹豆沙的草莓放在小坑中。

12. 以面团包裹住草莓，最后在顶部收口，用手掌滚圆即可。

13. 做好后的大福，裹上一层熟糯米粉防粘。熟糯米粉制作：将糯米粉放入锅中小火翻炒至熟即可。

14. 如此，草莓大福就做好了。

> **Tip** 做好的大福请尽快食用，最好是现做现吃，才能品尝到最柔软美味的大福。

要购买小棵新鲜，草莓味和甜味足一些的草莓，做成大福才更美味。

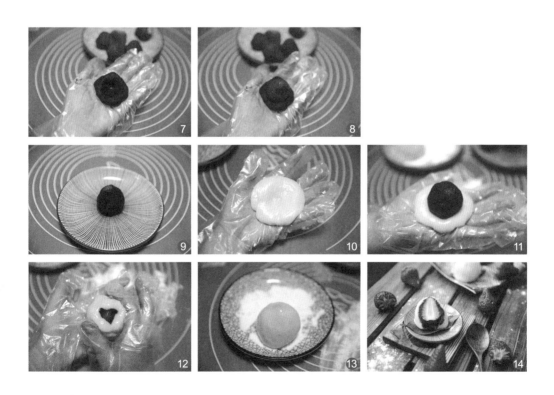

三文鱼鳄梨沙拉，马虎不得的小事情

　　零基础也可以15分钟完成的菜品，三文鱼酪梨沙拉。超级简单快速能做出来漂亮好吃菜品的方法，零基础，无难度，买齐材料就是最大挑战——对了，最重要的还要有个漂亮盘子。这道菜品可以作为一顿晚餐的开场菜，清爽的沙拉，三文鱼和酪梨很配哦！

做法

1. 配料：三文鱼 50 克，生菜 1 片，紫甘蓝 1 片，鳄梨（牛油果）1 个，沙拉汁适量，黑胡椒少量。

2. 将生菜用手撕成一口大小的碎片，紫甘蓝切成细丝，放入玻璃碗中，加入适量沙拉汁拌匀。

3. 将拌匀的生菜和紫甘蓝放入盘中垫底，将鳄梨洗净切成 8 瓣，均匀地摆在上面。

4. 生三文鱼切块，用喷枪将表面烤熟至变色。

Tip 如果没有喷枪，也可以放入烤箱中微烤，或者微煎至表面变色。

5. 将三文鱼摆在沙拉最中间，撒上黑胡椒碎即可。

6. 一道超级简单，但是非常美貌的菜完成了！

餐后甜品

什锦面包塔，混搭的魅力

什锦面包塔，适合春天外出野餐的一道简单美味点心。不仅外貌别致，味道也十分丰富，非常好吃。最重要的是非常简单，容易制作，只需要几分钟就可以做好一道美味又美貌的吸引人眼球的菜了。

🍲 做法

1. 配料：土司片 2 片，鸡蛋 2 个，沙拉酱 20 克，火腿 1 小块，洋葱 1 小块，奶油奶酪 20 克，盐少许，胡椒粉少许。鸡蛋煮熟，蛋白和蛋黄分开。洋葱切成细丁。奶油奶酪和火腿都切成小块。

2. 将土司片去边，每片切为四小块。

3. 将小土司片放入杯子蛋糕模具中，使四角微微向上卷曲，放入烤箱，150 度烘烤 8 分钟左右。

4. 直至四边角微微发黄，这样烘烤出来的土司片，四角向上卷曲，呈小碗状。放在容器中晾凉备用。

5. 将蛋黄、沙拉酱和洋葱丁放在一个碗中。

6. 用勺子将蛋黄碾碎，和沙拉酱搅拌混合均匀。

7. 蛋白切成细丁，放入步骤 6 的混合物中，搅拌均匀。

8. 放入少许盐和胡椒搅拌均匀，做好蛋黄沙拉。

9. 在烤土司片中央放入一小勺步骤 8 中做好的蛋黄沙拉。

10. 将火腿丁放在蛋黄沙拉上。

11. 再摆上一小块奶油奶酪。

12. 什锦面包塔就做好了，还可以放上些薄荷叶子作为装饰。

第二篇

爱就是为她（他）煮好多好多顿饭
——浪漫二人餐

当围坐餐桌时，我们享受的不仅仅是一顿顿餐饭，还有我们的爱。

让时光慢下来，让阳光洒下来，让爱萦绕我们，让生活越品越有滋味。

做好每一顿饭、经营好我们相爱的每一天，好好享受、慢慢聊天，

让在一起的时光美好而难忘。

蒜茸粉丝扇贝，美好的相遇

蒜茸粉丝蒸扇贝是我的一道拿手菜，我这道菜做得太地道了，绝对比饭馆的还好吃呢！我常常做给朋友吃，吃过的人都赞不绝口，都会追问我做法。蒜茸、粉丝和扇贝，美好的组合！

做法

1. 配料：扇贝 6 只，粉丝 1 把，大蒜 10 瓣，油 20 克，鸡精 3 克，蒸鱼豉汁 5 克，生抽 5 克，小葱少许。

Tip 其中调味鸡精或酱油等，可按照自己口味自行把握增减。

2. 扇贝清洗干净，除去黑色沙袋，彻底将沙子清洗干净。

3. 将粉丝放在碗中，用水泡发。

4. 如果粉丝是很硬、难蒸熟的，可以将其先煮熟，将水分彻底沥干，用剪子剪成小段备用。

5. 制作蒜油：将蒜剥好后洗净，搓成蒜末。

6. 锅中倒入 20 克油，放火上将油烧热。

7. 分三次将油倒入，每次倒入 1/3 左右的热油，随后将蒜油彻底搅拌，重复以上步骤直到将热油全部倒入碗中。

8. 搅拌蒜油，直到蒜油温度降到可以用手触碰碗，不再烫手的程度。

9. 此时加入鸡精后，彻底搅拌均匀。

10. 蒜油就做好了，此时的蒜油应该是微微呈黄绿色。

11. 另取一个容器，倒入蒸鱼豉油。

12. 再倒入生抽酱油，我比较喜欢李锦记的生抽酱油的味道。

13. 用勺子搅拌均匀。

14. 将洗净的扇贝沥干水分放在盘中，每个扇贝上点上一小勺的蒜油。

Tip 只点上一小勺蒜油即可，不要将全部蒜油放上。剩下的蒜油是最后出锅后浇在上层的。

15. 将沥干水分的粉丝取适量放在每个扇贝上面。

16. 水烧开后，入锅大火蒸 6~8 分钟。

17. 扇贝蒸好出锅后，在每个扇贝上淋上少许步骤 13 中的调料。

18. 将剩余的蒜油浇在每个扇贝的上面。

19. 撒上小葱装饰即可，完成！

我记得你最爱吃香菇蒸滑鸡

喜欢一个人的感觉就是比他还了解他自己，亲手为他做一道他最爱吃的菜，头顶头一起分享，是最幸福的事情。香菇蒸鸡肉，原来这么简单，听着夸赞吃着美食，超有成就感。

配料

鸡腿肉 200 克（如果买不到鸡腿肉，可以买整鸡腿，回家剔骨自己切），干香菇 10 朵，姜 1 块，大葱半根，料酒适量，糖 1 勺，生抽适量，老抽适量，蚝油适量，香油少许，盐适量。

做法

1. 将鸡腿肉洗净，去掉肥油部分，放入碗中。香菇提前用温水泡开。

2. 将切成段的大葱、切成块的姜、料酒、糖、生抽、老抽、蚝油、香油以及盐一次性全部放入盛有鸡肉的碗中。盐建议最后放，可按照自己的口味增减分量。

3. 将所有调料搅匀后盖上盖子，腌制 20 分钟。

4. 鸡腿肉腌好后，炒锅中放入少许油，放入鸡腿肉，翻炒至表面变色。

5. 放入香菇继续翻炒几分钟，直至鸡肉全部变色，汤汁基本收干。

6. 将炒好的鸡腿肉盛出，放入蒸笼中。水烧开后，蒸大概 15 分钟就完成了。

7. 出锅撒上小葱以及芝麻即可食用。

特 色 餐

低热量鸡肉卷，热恋也需要冷处理

❀ 配料

主料：鸡胸肉1大块，胡萝卜半根，花椰菜绿酱汁。

调料：盐3克，黑胡椒少许，白胡椒少许，鸡粉少许，料酒少许。

花椰菜绿酱汁配料：

花椰菜（西兰花）小半棵，洋葱少许，土豆半个，盐2克，白胡椒少许，浓汤宝一个。

❀ 做法

1. 首先制作花椰菜绿酱汁：花椰菜洗净切成小块。

2. 土豆洗净削皮，切成小块，上锅蒸至八分熟。

3. 锅内放入适量水，加入一个浓汤宝，将花椰菜放入，煮到花椰菜半软。

4. 加入土豆以及洋葱继续熬煮。

5. 熬煮直至花椰菜、土豆及洋葱完全熟透。

6. 用食物料理机将所有材料打碎成泥。

7. 做好的绿酱汁不仅颜色漂亮，还保留着一点点花椰菜的颗粒，非常好看。

8. 下面开始制作鸡肉卷，将胡萝卜洗净切成条。

9. 放入滚水中焯熟，晾凉备用。

10. 在鸡胸肉里加入配料中的所有调料，用食物料理机将其搅打成为鸡肉泥。

11. 铺一张油纸，然后将鸡肉泥尽量均匀地铺在油纸上面。

12. 再均匀地涂抹上花椰菜绿酱汁。

13. 放上胡萝卜条。

14. 将鸡肉卷整体连油纸一起卷起。

15. 放入微波炉内加热 3~5 分钟，一般 5 分钟时，鸡肉卷已经熟了。

16. 放入烤箱微烤一下，180 度 5~10 分钟，直至表面上色，烤后鸡肉肉质会紧致一些。切片食用即可。

回忆里的香菇豆芽蒸鸡肉

　　这道菜真的是很简单，简单到非常适合从没下过厨房的男士来做。如果家里恰巧有个要减肥的太太，不妨你也下厨给她个惊喜。

❀ 做法

1. 配料：豆芽菜 500 克，香菇 4~5 朵，鸡肉 2 两，酱油适量，盐适量，鸡精适量，香油少许。

2. 豆芽洗干净放入碗中，香菇切片放在豆芽上面，鸡肉切成薄片放入碗中。

3. 在碗中加入适量盐和鸡精。

4. 倒入适量酱油。

5. 放入少许香油。

6. 将所有配料彻底搅拌均匀。

7. 包上保鲜膜，需要使用可微波的保鲜膜。

8. 在保鲜膜上扎几个小孔。

9. 放入微波炉高火加热 5 分钟。

10. 取出后晾凉装盘即可食用，也可撒些小葱调色提味。

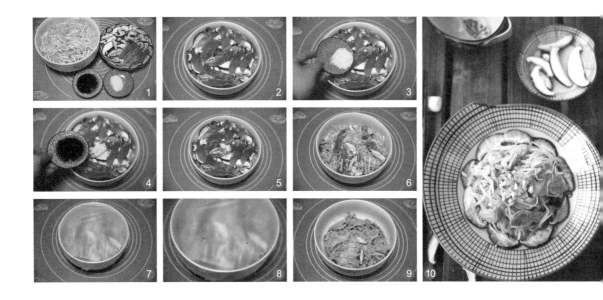

什锦寿司饭，爱的惊喜饭盒

　　什锦寿司饭，每道食材都经过料理，煮香菇，甜醋藕，昆布腌鲷鱼，手工玉子烧。

　　都说抓住男人的心首先要抓住他的胃，这句话我的理解是，两人能吃到一起才是最幸福的。每天生活离不开日常三餐、柴米油盐，这些点滴小事是幸福的基础。

　　寿司饭是很随意、很家庭的日式料理，食材不是这么多一样可以用。没有甜虾可以，没有鲑鱼籽也可以，不放藕也没问题。喜欢什么多放一点，特别随个人喜好。

✿ 配料

甜煮香菇：香菇20朵左右，日式酱油1大勺，味淋1大勺，糖1勺，盐适量。

手工玉子烧：鸡蛋8~9个，鲷鱼肉50克，青虾肉50克，盐少许，糖适量，鸡粉少许，淀粉适量，味淋适量。

昆布腌鲷鱼：鲷鱼200克，昆布一片，盐少许，醋少许。

糖醋藕：藕3~4片，糖少许，醋少许。

腌三文鱼：三文鱼200克，酱油少许，日本酒少许。

生食：三文鱼、甜虾、鲷鱼、鲑鱼籽、海胆。

表面装饰：煮荷兰豆。

辅料：寿司醋，日式酱油、味淋、糖、盐、淀粉。

味淋：日本经常用的调料，类似料酒，味甜，有昆布味道。寿司醋和日本酱油：这两个比较好买。

✿ 做法

1. 准备好全部配料。

2. 首先制作甜煮香菇：香菇20朵左右，日式酱油1大勺，味淋1大勺，糖1勺，盐适量。

这是什锦寿司饭传统必备的，在日本寿司饭特别适合家庭制作，有什么料都可以放在里面（还记得动画片《樱桃小丸子》里滨崎的妈妈收到香菇礼盒，就很高兴地说一定会做寿司饭的。丸尾的妈妈也在丸尾生日做了什锦寿司饭招待小丸子）。使用小花菇，也就是表面有纹路的香菇味道较好，泡开香菇。

3. 泡好香菇后，下锅，放入日式酱油1大勺，味淋1大勺，糖1勺，盐适量；煮半小时左右就可以了，然后可以放在锅里一直泡着，吃的时候捞出来即可。

4. 这道菜可以作为单独小菜来吃，制作寿司饭的蘑菇切成小块备用。

5. 手工玉子烧：鸡蛋8~9个，鲷鱼肉50克，青虾肉50克，盐少许，糖适量，鸡粉少许，淀粉适量，味淋适量；将鲷鱼肉和青虾混合，放入料理机打成肉泥。

6. 鸡蛋加入盐少许，糖适量，鸡粉少许，淀粉适量，味淋适量；打散。

7. 加入刚才搅打的鱼肉泥，继续搅拌均匀，要将鸡蛋液打到顺滑无明显颗粒。

8. 倒入8寸方形烤盘中，如果不是活底烤盘，可在底部铺上一层锡纸。

9. 隔水入烤箱，180度，烤15~25分钟，至无流动性、表面金黄。注意隔水烤，注入的水需是热水。

10. 晾凉后切块备用。

11. 昆布腌鲷鱼：鲷鱼200克，昆布一片，盐少许，醋少许。昆布是海带的一种，确切地说是海带目翅藻科，日本的昆布和中国卖的虽属同一科目但是不太一样，不过中国的海带也能用。

12. 鲷鱼切片后摆在海带上，撒上少许盐。这种冻鲷鱼都不太好，我目前还没买到过好的，都有点微微腥，所以需要这样处理。这种处理方法在日本多用于处理白身鱼，例如比目鱼、小鲫鱼（江户前寿司代表，海产哈不是中国那种）和鲷鱼等。处理过后的鲷鱼片更加爽口，有弹性，不腥。

13. 上面再盖上片海带，腌制1小时左右。

14. 腌制后的鲷鱼片更加，透明有光泽。看一下，和没腌制过的对比一下。

15. 最后放在醋中涮一下，摆入盘中备用。

16. 糖醋藕：藕3~4片，糖少许，醋少许；藕洗净切花刀。

17. 煮熟后放入醋和糖，腌制备用。

18. 荷兰豆煮熟后放入冷水中过一下，保持鲜绿的颜色，备用即可。

19. 腌三文鱼：三文鱼200克，酱油少许，日本酒少许；三文鱼一块500克，取200克切块，放入酱油和日本酒少许腌制备用；其余300克，部分切片，部分切块备用，不用腌制。

20. 至此，生熟食的处理部分完成。所有食材摆好备用；从左上依次为：甜醋藕，荷兰豆，甜煮香菇，三文鱼鱼肚部分切片，鲷鱼切片，甜虾，鲑鱼籽，海胆，昆布腌鲷鱼，三文鱼切块，玉子烧，腌制三文鱼，一共12种食材。

21．煮好的饭加入寿司醋拌均匀，应该用木盆，不过不好买我就没买，这个就凑合了。

22．拌好的醋饭里放入香菇丁，拌匀，盛入食盒中。

23．下面就是我最喜欢的步骤了，玩命地往上面堆满食材，一定要看不到饭才行。不然不算寿司饭。先堆上蘑菇，再放上玉子烧。

24．撒上腌制过的三文鱼块。

25．放上昆布腌鲷鱼。

26．未腌制过的三文鱼切块用来铺满露出白饭的位置，鲷鱼切片摆上三堆。

27．摆上三文鱼鱼肚切片，甜虾两尾一组，围圈摆，中间放上海胆。

28．一堆堆地间隔撒上鲑鱼籽。

29．间隔摆上荷兰豆，将藕轻轻摆放在荷兰豆后面，使藕有个立起来的角度。

30．完成啦！其实蛮累的，不过很开心。味道也很不错，细心腌制过的食材就是很好吃！

志趣相投的奶油烤杂拌

　　奶油烤杂拌的惊喜在于剥开上面厚厚的奶酪层，看到里面丰富的馅料，在里面寻寻觅觅，寻找自己喜欢吃的。你喜欢吃虾，我喜欢吃鸡蛋，不过都裹上那一层烤得刚刚好的奶酪哦！

配料

洋葱半个，口蘑 3 个，虾仁 100 克，鸡蛋 2 个，培根 3 片，土豆 1 个，牛奶 200 毫升，奶油 200 克，沙拉酱一勺，马苏里拉奶酪适量。

调料

盐 4 克，黑胡椒适量，白胡椒适量，香叶 1 片，面粉 15 克，黄油少量。

做法

1. 将所有配料洗净处理好。

2. 口蘑切片，洋葱切丁，切碎一点儿炒起来比较方便。

3. 首先制作奶油白酱：锅中放入黄油，加入洋葱丁，小火慢慢翻炒。这个比较费时，大概 20 分钟。

4. 当洋葱丁炒至微棕色时，请注意不要炒煳。

5. 此时在锅中加入牛奶、盐、黑胡椒粒、白胡椒和香叶一片，熬煮 8 分钟左右。

6. 随后筛入 15 克面粉，翻动后慢慢熬煮，直至成为糊状。

7. 倒入鲜奶油，继续搅拌均匀小火熬煮。

8. 直至成为较黏稠的糊状，奶油白酱就做好了，盛出备用。

9. 使用平煎锅，将虾仁放入锅中滑熟，至表面变色即可，盛出备用。

10. 口蘑也煎至表面变色，微微收缩即可，盛出备用。

11. 煎虾仁和口蘑的时候，可同时煮鸡蛋，煮至全熟即可，晾凉剥壳，切片备用。

12. 制作土豆泥：将土豆用可入微波炉的保鲜膜包裹，放入微波炉中微波 7 分钟即可。

13. 晾凉后直接可将土豆皮剥下来，非常方便。

14. 用勺子将土豆压成泥。

15. 土豆泥中加入沙拉酱调味，可加入少许牛奶使土豆泥更顺滑。

16. 将土豆泥搅拌均匀备用。

17. 将步骤 8 中的奶油白酱放入碗中，放入步骤 9 和步骤 10 中煎好的虾仁和口蘑。

18. 将所有食材搅拌均匀。

19. 取烘焙碗，将步骤 16 中做好的土豆泥铺在底部。

20. 在土豆泥上均匀撒上切块的培根片。

21. 在培根片上摆上步骤 11 中煮好的切片鸡蛋。

22. 在上面均匀铺开步骤 17 和 18 中加入奶油白酱后拌好的食材。

23. 在上面均匀铺满马苏里拉奶酪，放入烤箱中烤 15 分钟即可。如果表面不上色，改为上火 2 分钟就可以上色了。

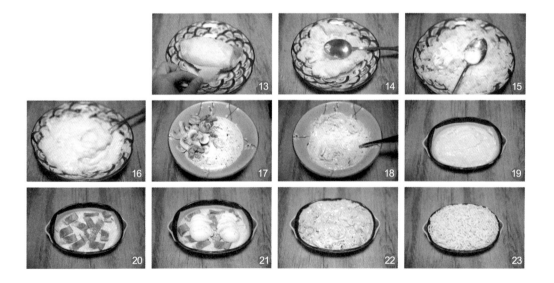

奶酪焗多士，想到心里的味道

奶酪焗多士是很不错的一道小食。挖出吐司面包芯，再塞进去丰富的馅料和酱汁，配马苏里拉奶酪重新组装回去，从动手开始做这道美食就充满着乐趣。

配料

奶香土司半个，马苏里拉奶酪若干，培根 3 片，虾 5 个，杏鲍菇少许，小葱少许，西兰花少许，黄油 50 克，大蒜粉少许，盐少许。配料中大蒜粉如果没有省略也可，或者用少许蒜泥代替也可。

做法

1. 准备好所有的材料，蔬菜和虾清洗干净。

2. 杏鲍菇切成小块，培根切成小块，小葱以及西兰花切碎末。

3. 取切好的半个吐司，将吐司底部切下，作为底座。

4. 如图所示，用刀将吐司的内部挖出来。

5. 一定要挖整齐，周围只留下一道薄薄的土司边。

6. 挖出来的吐司切成小块，建议长边切四块，短边切三段。最后填料会比较满，不必完全将面包块填回去，只要平整就可以了。

7. 将 50 克黄油加热软化，不要完全溶化成液态，只需要成为顺滑状态即可。

8. 加入盐、大蒜粉、香葱末和西兰花末。

9. 搅拌均匀成为黄油酱。

10. 步骤 6 中切好的小面包块儿，预留 9 个出来备用。剩下均匀涂上黄油酱（将面包块放在酱里所有面都沾上黄油酱）。

11. 涂好的面包块儿摆入烤盘，放进预热好 190 度的烤箱，中层，上下火，烤 8~10 分钟，直到表面金黄。

12. 将切好的培根放入烤箱，同样烤至表面变色。

13. 烧热锅，锅中放入少许黄油酱，将虾和杏鲍菇放入油锅中炒一下，直至虾表面变色，散发香气。

14. 炒好的虾和杏鲍菇盛入盘中备用。

15. 将步骤3中切下来的"面包底座"放在底部，空心吐司竖着放在底座上。

16. 内部先铺上一层马苏里拉奶酪。

17. 铺上一层烤后的面包块。

18. 然后将培根、杏鲍菇和虾填入，放入一些奶酪。

19. 再铺上一层面包，反复直到填满。

20. 最上面铺上步骤10中预留的未烤的面包块，摆放平整。

21. 抹上剩下的黄油酱，摆上一只貌美的虾。

22. 放进预热好170度的烤箱，上下火，烤15分钟左右，直到表面金黄，即可食用。

烟熏三文鱼意面，我的烟熏美人

　　高颜值快速菜——零基础也可以15分钟完成的菜品，无难度，买齐材料就是最大挑战。对了，最重要的还要有个漂亮盘子。烟熏三文鱼意面，绝对是可以让你在朋友面前露一手的菜品。

⚛ 做法

1. 配料：烟熏三文鱼5片，意大利面100克，白酱（市售）40克，马苏里拉奶酪20克，盐少许，黑胡椒少许。

2. 首先煮意大利面，煮面条时放入少许盐，这样煮出来的意大利面更好吃。

3. 意大利面煮熟后，立刻沥干水分，锅内水也倒掉，将面条重新放回锅中，保持面条热度。

4. 加入40克白酱。

Tip 白酱是市售，可在超市买到。

5. 加入马苏里拉奶酪。

6. 加入烟熏三文鱼两片以及黑胡椒碎少许，如果白酱味道不够，可加入少许盐调味。

7. 趁热将意大利面拌匀，由于面条和锅还有热度，可以将马苏里拉奶酪融化，裹在面条上面。

8. 最后找一个漂亮的餐具，将面条放在中央，旁边摆上三片烟熏三文鱼，这道菜就完成啦，很简单吧！

浪漫西餐

当咖喱遇上乌冬面

你的咖喱还在配米饭吗？要不要试试一种全新的口感？当咖喱遇上乌冬面，热乎乎的咖喱配上顺滑的面条，裹带上汤汁入口的一瞬间，那感觉太棒了！

⚙ 配料

牛肉半斤，酱油 1 大勺，盐适量，糖适量，胡椒粉适量，料酒 1 勺，葱适量，姜适量。咖喱块 80 克，土豆 1 个，胡萝卜 1 根，洋葱半个，乌冬面 200 克，葱花适量。

⚙ 做法

1. 牛肉洗净，切块，除去肥油。

2. 锅中加水炖煮牛肉，凉水下锅，等开锅后将血沫子撇去。加入酱油 1 大勺，盐适量，糖适量，胡椒粉适量，料酒 1 勺，葱适量，姜适量。

3. 慢火炖煮 4 个小时，慢慢地将牛肉的香味炖出来，牛肉的油脂化开。

4. 炖出来的汤很干净，这就是熬煮咖喱的高汤。

5. 土豆、胡萝卜和洋葱洗净，切成小块。

6. 将土豆、胡萝卜和洋葱放入锅中。

7. 加入炖好的牛肉和牛肉汤。

8. 加入咖喱块，继续熬煮半小时。

9. 牛肉咖喱酱就做好了，盛出备用。

10. 准备好袋装的乌冬面。

11. 取小锅放入少许水，将乌冬面放入，煮 2 分钟。

12. 放入牛肉咖喱酱。

13. 微煮咖喱乌冬面至开锅即可。

14. 盛入碗中，加入葱花以及蛋黄一个，即可食用。

浪漫西餐

圣诞烤鸡，想念你如煎熬

这道烤鸡在家中操作很简单，还很有圣诞气氛呢！圣诞节不是中国的节日，也许你的ta还在外面忙碌，当回到温暖的家中，餐桌上摆这么一道菜，其他的就都不重要啦！结尾还教你如何布置森林系圣诞餐桌。

配料

主料：三黄鸡 1 只，百里香半根，迷迭香半根，青柠半个，红皮洋葱 1 个，橄榄油 15 毫升，蒜 3 瓣，食盐 5 克，黑胡椒少许，白胡椒少许，土豆 1 个。

辅料：圣女果 10 个，彩椒 1~2 个，荷兰豆 3 根，西兰花小半个，薄荷叶 1 片。

做法

1. 准备好所有材料。

2. 买一只市售三黄鸡，去掉鸡头、脖子和爪子，洗净。

3. 制作腌制料：将配料中的盐和黑白胡椒放入小碗中备用；准备洋葱、大蒜，取少量迷迭香和百里香的叶子放入搅拌器中打碎，打碎后也放入小碗中。

> **Tip** 打碎的迷迭香和百里香只需少量，切勿多打碎，香料的味道很重，打碎过多味道会太重。

4. 将半个柠檬挤汁入碗中。

5. 将橄榄油倒入小碗中，搅拌均匀，腌制配料就做好了。

6. 将三黄鸡涂满腌制酱料，均匀仔细地将鸡各个部位都涂上腌制料，里外都要涂抹；随后切几片洋葱和青柠檬，并且放入未切碎的百里香和迷迭香，一起腌制；将玻璃盆用保鲜膜密封，放入冰箱腌制一夜。如没有时间腌制一夜，至少也要腌制 6 小时以上。

7. 第二天腌制出来的鸡肉，已经很入味了。

8. 我使用的是 8 寸方烤盘，不喜欢旋转烤叉，会弄脏烤箱的。将土豆切块，放在最下层，上层铺垫半个洋葱切片。

9. 将烤鸡摆放在正中间，腌制时的洋葱可塞入烤鸡腹中，随后点缀若干小西红柿。

Tip 小西红柿烤出来非常好吃哦！

10. 将烤鸡的双腿以及翅尖用锡纸包上，这两处是最爱糊的地方，一定要包上。

11. 五花大绑，将鸡腿束上，防止鸡腿离上火太近。

12. 放入烤箱，200度，烤制90分钟左右（温度和时间请按自家烤箱调整）。

13. 出炉照，烤制途中香气四溢，闻着就饿了！这个腌料我真的很喜欢！

14. 烤鸡烤好，稍装饰一下，就是一道大菜。下面教你布置圣诞森林系餐桌：复古银盘子，家里的老存货，将土豆垫在最下面，烤鸡摆在正中央。

15. 森林系餐桌最重要的就是使用大量蔬菜，色彩丰富，造型随意，所有的蔬菜都像是不经意放上的，但每个都是精心摆的。首先将西兰花煮熟，选5朵围绕烤鸡摆放；新鲜迷迭香和百里香洗净，围绕烤鸡盘在四周；彩椒切块，随意摆放小西红柿点缀其中；洋葱切成洋葱圈，两三个均匀搭在盘子上；青柠檬切片，摆放在烤鸡上面，荷兰豆煮熟也置于烤鸡上面，最后一小片薄荷叶放在正中间。造型完成，很像圣诞花环吧！

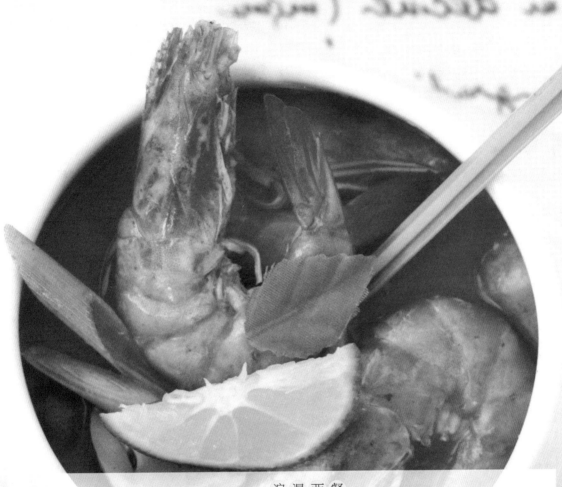

浪漫西餐

冬阴功虾汤，原谅我的辛辣

　　辛辣如你的冬阴功虾汤，入口刺激，但是却回味无穷。香茅草配上青柠檬的酸甜，在热辣的同时，散发出一股柔和的清新香气。惹眼的大虾，低调的草菇，是这一道充满异国风情的汤的让人欲罢不能之处。

配料

冬阴功汤料1包，香茅草2根，青柠檬1个，草菇8~10颗，大虾8只，椰浆150毫升。

做法

1. 做准备工作，清洗所有材料。

2. 草菇切开，切为两半。

3. 香茅草斜切成大段。

4. 大虾洗净。

5. 青柠檬切为6瓣，其中一瓣留着备用。

6. 取出冬阴功汤料按说明放进锅中加水烧开。

7. 汤烧开后放入大虾。

8. 放入香茅草段。

9. 放入草菇。

10. 熬煮20分钟至虾等材料煮熟，将柠檬汁挤进汤中。

11. 加入椰浆。

12. 熬煮数分钟，至材料入味。

13. 出锅装盘，摆一根香茅草在上半部分，摆一瓣青柠檬装饰，再摆一片薄荷叶子装饰，即可食用。

叉烧肉 - 黯然销魂饭

黯然销魂饭，老电影里的美食。几片叉烧肉，加上几棵油菜，再配上一个荷包蛋，重现经典就是这么简单。

配料

主料： 梅花肉 400 克左右。

配料： 李锦记叉烧酱 40 克，料酒适量。

做法

1. 梅花肉是猪肉的一部分，据说每只猪身上的这块肉只有五六斤，大约有 20 厘米长，横切面瘦肉占 90%，其间有数条细细的肥肉丝纵横交错，吃的时候特别嫩而且香，更是一点儿也不油腻，其肉质鲜美可口，久煮不老。

2. 将肉切片，薄厚大小请根据自己的烤箱而定。薄厚叉烧各有各的口感，薄的口感轻盈，有弹性，肉脯的感觉多一些。厚些的口感扎实，烤的时候时间稍长些即可。

3. 取容器，放入叉烧酱。

4. 放入料酒少许去腥，搅拌均匀。

5. 将叉烧肉一片片地放入，确保正反面都均匀沾上叉烧酱汁。

6. 放入容器中密封腌制 12~20 小时。腌制时间自己把握，不过我觉得腌制时间越长越入味，还有如果叉烧块比较大，就适当多腌一些时间。

7. 烘烤叉烧肉最重要的是要将肉架起来烘焙，千万不要平铺在锡纸上，那样一定烤煳。在烤盘上铺上架子，下面垫上锡纸接烤肉留下来的汤汁。

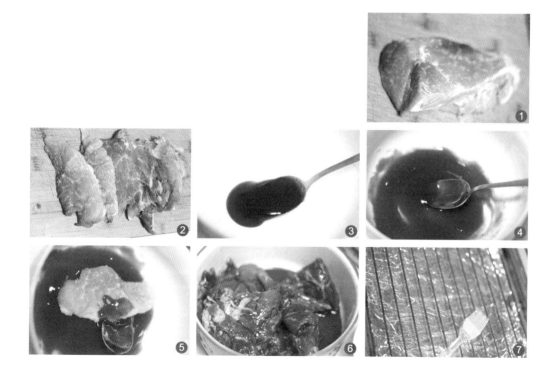

8. 将腌制好的肉平铺在架子上。

9. 用小刷子均匀地刷上少量叉烧酱。

10. 放入预热好的烤箱烘焙，200 度，15 分钟。

11. 随后取出翻面涂一次叉烧酱，再放入烤箱烘烤 10 分钟左右。

12. 再取出翻面涂抹叉烧酱，再放入烤箱烘烤 5~10 分钟。

请自行掌握烘烤温度和时间，这取决于你的肉切的块的大小，密度以及各烤箱差异，可以适当减少或者增加时间，最重要的是自己观察肉的状态，不要烤煳了。

13. 叉烧肉就做好了，盛出备用。

14. 盛一碗米饭。

15. 烫熟半棵油菜，摆在碗的一边。

16. 叉烧切片摆好，煎一个荷包蛋，黯然销魂饭就完成啦！

意大利千层面，刀和叉的恋爱

意大利千层面主要是由几个部分组成，千层面皮，意大利肉酱，白酱，奶酪。一刀切下，多层面皮层叠配着丰富的馅料。挑起一块，面皮裹着拉丝奶酪在叉子上摇摇晃晃的样子，让人恨不得马上就来上一口。

🌸 配料

面皮配料： 普通面粉 130 克，鸡蛋 2 个，牛奶 60 克。

意大利肉酱做法： 牛肉馅 150 克，番茄酱 100 克，比萨饼底酱 40 克，黄油少许，洋葱半个，大蒜 2~3 瓣，小西红柿若干，盐 4 克，糖 6 克，红酒少许。

奶油白酱： 按照第二章奶油烤杂拌配料制作奶油白酱。

配料： 车达芝士适量，马苏里拉奶酪适量。

烘烤模具：18 厘米方形蛋糕模。

🌸 做法

1. 首先介绍意大利千层面皮的做法：将面皮配料中所有材料放入盆中。

2. 用手将所有材料揉匀，揉成光滑面团。

3. 撒些干粉防粘，用擀面杖擀成面片。

4. 将面皮擀为大概 2~3 毫米的薄片。

5. 将面皮的边角切掉，切为 18 厘米和模具尺寸相同的方形面片，大约可切 8 片左右。

6. 将水烧开，煮的时候放一勺盐，将面片煮熟。一次煮少量面片，煮的时候防止面片互相粘在一起。

7. 面皮煮好后过一下水，冷却到不烫手的温度，随后在表面均匀地刷一层橄榄油。

8. 刷好油后晾凉，将面皮全部煮好后层叠放置备用。

9. 下面制作意大利肉酱：洋葱切末，大蒜切细末，小番茄切碎。

10. 切一块黄油入锅溶化，放入大蒜末，煸香。

11. 放入洋葱末，煸炒至散发出香味。

12. 放入牛肉馅，翻炒至完全变色。

13. 牛肉变色后，加入番茄酱及比萨酱底酱，翻炒均匀。

14. 放入小西红柿，加入红酒、盐、糖，熬煮20分钟左右即可。

15. 按照第二章奶油烤杂拌步骤3~8制作奶油白酱。

16. 这样千层面基本的三样，面皮、意大利肉酱和白酱，就完成了，下面组合千层面。在容器中均匀地刷上一层油。

17. 取步骤8中做好的面皮一张铺上。

18. 随后均匀地抹上一层白酱。

19. 再抹上一层肉酱。

20. 撒上刨好丝的车达芝士，再撒上马苏里拉奶酪。

21. 随后上面铺上一层面皮。

22. 重复以上步骤，直到铺到最上层，抹上白酱以及肉酱就可以了。

23. 送入烤箱180度烤15分钟左右，视情况增减时间，取出即可切开摆盘。

24. 千层面完成。

eat me

餐后

榴梿千层蛋糕，留恋你的味道

外表小清新，内在重口味！你为什么这么火？这么火？这么火？这么火？等到做完后我吃过才明白，你就应该这么火！这么火！这么火！因为实在太好吃了！榴梿蛋糕——留恋你！

◈ 配料

饼皮：牛奶 360 克、鸡蛋 75 克、低筋面粉 120 克、糖粉 30 克、黄油 22 克（制作 10 片饼皮）。

榴梿馅：动物性淡奶油 500 克、白砂糖 50 克、榴梿 1 个（重约 6 斤，将果肉扒出）。

装饰：彩糖若干。

厨具：22 厘米左右平底不粘锅。

◈ 做法

1. 将饼皮的材料准备好。

2. 鸡蛋打入碗里打散，加入糖粉，用打蛋器搅打均匀，鸡蛋不要打发。

3. 倒入牛奶，搅拌均匀。

4. 筛入低筋面粉。

5. 用手动打蛋器慢慢地搅拌均匀，成为光滑不见干粉的稀面糊。

6. 将黄油隔水加热融化成液态以后，倒入面糊里，搅拌均匀。

7. 将稀面糊过筛以后，放入冰箱冷藏静置半个小时。

8. 平底锅涂上薄薄的一层油，用小火加热。

9. 倒入两大勺约 50 毫升的面糊，面糊会自己摊成圆形，小火慢慢煎至面糊凝固。

10. 面皮煎好了，会自己在锅中滑动，用铲子很轻易地铲起来放在盘中就可以了。煎面皮容易粘锅，除了用防粘的不粘锅，火候和手法也很重要，需要多加练习。将所有面皮摊好晾凉备用。

11. 鲜奶油中加入砂糖，打发鲜奶油，打到可以裱花状态就可以了。

12. 取摊好晾凉的饼皮，先厚厚地抹上奶油。

13. 摆上榴梿肉。

14. 然后再抹奶油。

15. 最后摆上一块饼皮。重复步骤 12~15，直到用完所有饼皮。

16. 当摆上最上层的饼皮后，抹好一层鲜奶油，在蛋糕四周挤上奶油花。

17. 榴梿千层蛋糕就完成啦，切开后看见整齐的饼坯加上奶油和榴莲，榴梿和奶油如此搭配，完美！

餐后

红丝绒蛋糕，幸福的力量

红丝绒裸蛋糕，这其实真的不难，加上裸蛋糕是基本不重
装饰的，不过配上这高大上的名字，不明觉厉。红丝绒，红红
火火，幸福加倍。

🌸 配料

红丝绒蛋糕体：黄油68克，低筋面粉140克，可可粉10克，红曲粉6克，泡打粉3克，白砂糖100克，鸡蛋75克，盐1/4小勺，水22克，酪奶（可用一半酸奶一半牛奶混合代替）105克，小苏打1勺，白醋少许。

顶酱：奶油奶酪200克，黄油35克，鲜奶油80克，糖粉35克。

厨具：6寸蛋糕圆模。

🌸 烘焙时间

分开烤3片蛋糕，175度，10分钟。

Tip 红丝绒蛋糕中最重要的一项是酪奶，不过酪奶原料很难买，而且不是每个人都吃得惯，可用一半牛奶加一半酸奶混合代替。

🌸 做法

1. 准备好所有材料。

2. 将低筋面粉140克、可可粉10克、红曲粉6克和泡打粉3克混合过筛均匀后，备用。

3. 将黄油68克软化至室温，加入100克白砂糖，打发至颜色发白。

4. 将鸡蛋液打散，分4~5次加入黄油中，每次加入后一定要充分搅打至均匀后，再加入下一次的鸡蛋液。

5. 由于此配方鸡蛋量较大，混合均匀是需要耐心的，中途用刮刀将附着在盆边的黄油刮至盆中间，继续搅打均匀。

6. 混合均匀后的黄油鸡蛋糊，一定要是不流动的状态，要蓬松。

7. 加入盐1/4小勺、水22克，如有香草精可加入一滴香草精，搅打均匀。

8. 加入1/3混合过筛后的粉类，搅拌均匀。

9. 搅拌均匀，第一次搅拌后可能会有少许分离现象，这个不要紧。

10. 加入一半酪奶（我们这里用的是一半酸奶和一半牛奶的混合物），搅拌均匀；随后重复以上步骤，加入1/3过筛粉类拌匀，随后再加入另一半酸奶牛奶混合物拌匀，最后加入1/3过筛粉类拌匀。

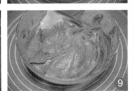
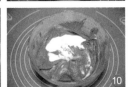

11. 最后拌匀后的面糊是光滑无颗粒有光泽的红色面糊。

12. 加入少许小苏打粉和少许白醋，使蛋糕更加蓬松。

13. 使用6寸圆模，铺上锡纸，放入1/3面糊，将表面抹平，放入烤箱175度，烘焙10分钟，此步骤共做三次。

Tip 1. 将蛋糕分三次烤出三片蛋糕片，优点是蛋糕表面比较平整，且不用费力将蛋糕切片，铺上锡纸的好处是烤好后直接连着锡纸提出蛋糕，免去脱模的麻烦。

2. 也可以将面糊一次性放入6寸圆模，一次性烘烤。烘焙时间将大大加长，大概40~50分钟，温度也请相应减低一些，且一次性烘烤表面膨胀较高，需要将表面切掉，浪费较多。而且将蛋糕平分切为三片，也是比较考验人的。

14. 烤好后的蛋糕，顶部微微凸起，用牙签插入蛋糕中，拔出后没有残留，即代表烤好了。

15. 烤好后的三片蛋糕，将顶部凸起部分切掉，晾凉备用。

Tip 切掉的蛋糕也不要扔，随后有用。

16. 制作奶油奶酪顶酱: 将奶油奶酪200克，黄油35克软化至室温，可轻松捅入手指的状态，一起放入容器中。

17. 用搅拌器搅打均匀无颗粒。

Tip 奶油奶酪搅打比较费时，且一定将奶油奶酪软化至室温，否则很难达到无颗粒状态。

18. 加入35克糖粉，搅打均匀。

19. 加入80克鲜奶油，搅打均匀，奶油奶酪酱就做好了。

20．蛋糕片晾凉后，刷上酒糖液。

酒糖液做法：20 克水加上 10 克砂糖，加热充分溶化搅拌均匀，晾凉后加入少许朗姆酒即可。

21．随后抹上厚厚的一层奶油奶酪酱，尤其是四周要抹厚一些的酱，盖上蛋糕片会挤出来的状态是最好的。

22．重复这个步骤直到盖上最上层的蛋糕片，随后同样刷上酒糖液。

23．在最上层抹上奶油奶酪酱，将表面尽量抹平。

24．将剩余的奶油奶酪酱装入裱花袋，使用大个儿的曲奇花嘴，在蛋糕四周挤上奶油花。

25．挤上双层奶油花，中间空着不用挤。

26．装饰蛋糕表面：将刚才切掉的蛋糕碾成粉末。

27．筛在蛋糕中间部位作为装饰。

28．随后摆上喜欢的水果，樱桃或者草莓都可以，红丝绒蛋糕就完成啦。

餐后

黑森林裸蛋糕，裸婚需要勇气

　　黑森林蛋糕就像个征战多年的勇士，荣归故里却身无分文地回归故乡，追求他心爱的姑娘。裸婚需要勇气，幸福靠自己争取，加油吧，勇士，幸福就在眼前！

☙ 配料（6 寸）

蛋糕配方：黄油 150 克，低筋面粉 150 克，可可粉 30 克，泡打粉 1 小勺，细砂糖 100 克，鸡蛋 150 克，牛奶 45 克，香草精少许。

表面装饰：鲜奶油 350 克，砂糖 30 克，智利车厘子 30 颗，巧克力屑若干。

☙ 做法

1. 准备好所有材料。

2. 黄油室温软化至可轻松捅入一指，加入细砂糖，用打蛋器打发约 5 分钟，直到黄油变得轻盈膨松、体积增大、颜色变浅。

3. 在黄油糊中分三次加入鸡蛋，并搅打均匀。

4. 每次都需要打到鸡蛋完全和黄油融合再加下一次的鸡蛋，搅打后的黄油糊是蓬松

不流动的状态。

5. 将低筋面粉、可可粉、泡打粉混合均匀，筛入打发好的黄油里。

6. 用橡皮刮刀拌匀成面糊。

7. 加入牛奶和香草精。

8. 拌匀至牛奶被面糊完全吸收即可。

9. 将面糊平分成三份，在 6 寸圆形模具下部包上一层锡纸，倒入面糊，刮平，这样烤完直接提出来，不用反反复复刷模具。

10. 175 度烘烤 8 分钟，用牙签插入蛋糕中，拔出后没有残留即代表烤好了，此步骤共做三次。

11. 烤好的三片蛋糕片晾凉备用。

12. 取鲜奶油 350 克，加砂糖 30 克，用打蛋器打发至硬挺可见花纹状态。

13. 蛋糕片晾凉后，取一片蛋糕片，刷上酒糖液。

酒糖液做法：20克水加上10克砂糖，加热充分溶化搅拌均匀，晾凉后加入少许朗姆酒即可。

14. 随后在蛋糕片上抹上厚厚的一层打发好的奶油，尤其是四周要抹厚一些，盖上蛋糕片会挤出来的状态是最好的。

15. 取20颗左右的樱桃从中间切开去核。

16. 将切好的樱桃铺到抹好的奶油上。

17. 在樱桃上再抹满奶油。

18. 加上一片蛋糕轻轻地压一下，让酱挤出来一点。

19. 重复之前的步骤，把3片蛋糕都放好。

20. 淡奶油装带裱花嘴的裱花袋，在蛋糕表面四周挤上奶油花，中央留空不挤。

21. 刮一点巧克力屑。

巧克力屑做法：用勺子在黑巧克力砖上一刮就可以了。

22. 最后装饰上整颗的樱桃，将巧克力屑撒在中央，最后筛上少量糖粉就完成了。

第三篇

有家就有幸福
——花样多变的亲子三人餐

准备三口之家的菜谱，可不是那么简单的，

要照顾孩子的口味，要让全家一起享受动手的乐趣，

还想给家人尝尝时令菜的新鲜……

边计划一家三口的菜谱，边等着爱人和孩子的赞美声，

这种幸福只有煮饭的人才体会得到。

营养均衡亲子餐

紫菜包饭，爱你没商量

紫菜包饭，脆脆的紫菜包上各种馅料，喜欢什么料就放什么料，肉菜都相宜，可简可繁，各家的私家定制。

配料

紫菜、米饭、熟芝麻、黄瓜、火腿、金枪
鱼罐头、三文鱼、沙拉酱

蛋丝：鸡蛋、盐、糖、鸡精适量。

做法

1. 首先制作蛋丝，鸡蛋和盐、糖、鸡精放
入碗中。

2. 搅拌成为均匀鸡蛋液。

3. 将鸡蛋液倒入平底锅，薄薄一层即可。

4. 小火将其摊熟，成为薄鸡蛋饼，盛出来
装入盘中，所有鸡蛋液都摊成鸡蛋饼。

5. 将鸡蛋饼切成细丝。

6. 下面整理其余配料，金枪鱼罐头捞出鱼
肉备用。

7. 三文鱼切成细条状。

8. 火腿切为同样大小的细条状。

9. 黄瓜切条。

10. 米饭抓散，撒上熟芝麻，搅拌均匀，
成为好吃的芝麻饭。

11. 下面开始卷紫菜包饭，首先铺上一块油纸。

12. 在油纸上面放置一块紫菜。

13. 将米饭均匀地铺在紫菜上面。

14. 在米饭正中央再铺上一块小一些的紫菜，盖住米饭中央的 1/3 左右。

15. 中间对称摆上两条黄瓜条。

16. 上下两侧撒上蛋丝，注意上下留出一小段位置不要放料。

Tip 这样将米饭卷起时会比较容易，不会将材料挤出来。

17. 黄瓜中间撒上火腿丝、金枪鱼罐头和三文鱼。

18. 在上面撒上适量的沙拉酱。

19. 用手将油纸从一侧一并卷起。

20. 打开油纸，紫菜包饭就做好了。

21. 将紫菜包饭切开，切为约 1.5 厘米宽的紫菜卷。

Tip 刀上蘸少许水切开会比较整齐。

22. 这样，紫菜包饭就做好了！

卤肉饭，做一个幸福的卤蛋

卤肉饭，做一个幸福的卤蛋，妈妈才能做出的味道。

入口即化的卤肉，配上一口卤蛋。温和醇香的味道，安心的感觉，妈妈的味道。

配料

带皮五花肉 600 克，金兰油膏 70 克，红标料理米酒 50 克，绍兴黄酒 50 克，油葱酥 50 克，冰糖 50 克，五香粉 8 克，香叶 2 片，大料 3 瓣，水适量，盐适量（按口味也可以不放），鸡蛋 4~5 个。

做法

1. 食材介绍：金兰油膏、红标料理米酒和油葱酥都是台湾产的，用正宗台湾产的调料才能做出来纯正的味道。其中，油葱酥是卤肉饭必备的材料。金兰油膏也可以用金兰酱油代替，但不建议用普通酱油代替。红标料理米酒是台湾产米酒，卤肉饭有的使用米酒，有的使用绍兴黄酒，所以我使

用两种混合，只用其中一种酒也可以。绍兴黄酒不是料酒，不能用料酒代替。

带皮五花肉切成小块，鸡蛋煮熟备用。

2. 锅中放入少许油，将五花肉倒入，翻炒片刻，至表面变色即可。

3. 随后放入冰糖。

4. 放入金兰油膏，搅拌均匀。

5. 放入绍兴黄酒。

6. 放入米酒。

7. 此时开小火将所有材料烧开，至锅边有沸腾的小气泡，食材散发出香气后，加入五香粉、香叶、大料，随后搅拌均匀。

8. 将调料搅拌均匀后，加入适量水，水量以没过全部肉为准。

9. 随后加入洋葱酥，用勺子搅拌均匀。

10. 这时所有调料加入完毕，开始文火慢炖卤肉。

11. 待锅内沸腾后，将煮熟的鸡蛋剥皮放入锅中继续慢炖。将肉皮中的胶原蛋白炖出，这是卤肉饭软糯好吃的原因。

12. 炖90分钟，直至锅内的汤汁收为黏稠，收汤时请用勺子轻轻搅拌锅内底部，防止有食材粘锅底。卤肉就做好了。

13. 搭配小菜清口腌萝卜：将胡萝卜和，白萝卜各一根切成小丁。

14. 在萝卜丁中放入一大勺盐，揉搓均匀后，腌制半小时。

15. 腌制后将杀出的汤倒掉不用，随后冲洗萝卜丁，沥干水后放入乐扣乐扣中备用。

16. 锅中刷净，不要放油。将一大勺白醋，一勺糖，适量清水放入锅中，烧开至沸腾，随后关火，甜酸汁就制作好了。

17. 将烧好后的甜酸汁倒入萝卜丁中，彻底晾凉后密封放入冰箱，腌制一晚即可食用。卤肉饭配清口腌萝卜最搭配了，酸甜的萝卜丁可以中和卤肉饭的油腻，大家不妨试一试。

18. 摆盘：取一大碗盛入米饭，浇上满满的卤肉，将卤蛋切开放在一旁，然后在一角撒上腌制好的萝卜丁，红白的萝卜丁也为卤肉饭增添了色彩和风味。就这样一碗颜值高且有内涵的卤肉饭就做好了。

营养均衡亲子餐

三杯鸡，三人时光最美妙

三杯鸡，三种调料的不同，三种调料的变化，三种调料的融合。三人时光最美妙。

三种不同的调料汇聚在一起组合出的美味，正如三口之家在一起才能组合出的幸福生活。

一道讲究的三杯鸡，正宗三杯鸡在台湾也分几个流派，但基本步骤相似，先炸，后过冰水使鸡肉肉质紧致，再炒，再煲一下。这道菜使用的是台湾产金兰酱油、米酒和麻油，调料九层塔是必备食材。如果在家宴客，光这道菜在制作时候的香气就足以打败所有食客，香气醉人，让人食指大动。

😊 配料

鸡腿 3 只，金兰酱油 100 克，红标料理米酒 100 克，麻油 100 克，金兰油膏适量，九层塔 30 克，葱 1 棵，大蒜 2 头，姜 5 片，红辣椒适量，冰糖适量。

😊 做法

1. 食材整理：金兰酱油，红标料理米酒，金兰油膏是台湾原产，可在 TB 购入，九层塔是三杯鸡必备，也可以 TB 购入新鲜九层塔，也可以自己种哦。

鸡腿去骨后剁成小块（也可以带骨剁成小块）

2. 这就是那著名的三杯，一杯酱油，一杯米酒，一杯麻油。

说一下麻油，三杯鸡用的不是胡麻油，台湾很多流派，其中大部分用的麻油指的是黑芝麻油。

3. 切块的鸡腿肉，倒入适量的金兰油膏。

4. 酱油膏和鸡肉揉至均匀。

5. 油锅烧热油，将鸡肉放入炸一分钟，至表面焦黄。

6. 将鸡肉捞出，将油沥干。

7. 清水中放入冰块。

8. 将炸好的鸡肉放入冰水中，使鸡肉缩紧，肉质更嫩，而且可以洗去多余的油脂。随后将鸡肉捞出备用。

9. 另起一口锅，倒入麻油。

10. 开始煸炒姜片、葱段和蒜。注意，此三样一定要分次放入锅中煸炒，首先放入姜片煸炒少许。

11. 再放入大蒜煸炒片刻。

12. 最后放入葱段煸炒片刻至散发香气。

13. 随后放入鸡肉和红辣椒。

14. 此时放入另外两杯调料，米酒和金兰酱油，以及冰糖。

15. 翻炒三分钟，至锅边滚，酱油散发出香气。

16. 放入一部分的九层塔，翻炒均匀。

17. 另取塔吉锅烧热（也可以是砂锅或者焖锅），在底层垫上剩余的九层塔。

18. 将步骤 16 中炒好的鸡肉放入锅中。

19. 可多放些九层塔在炒好的鸡肉上，随后盖上锅盖焖 5~8 分钟。

Tip 台湾使用的九层塔的量比较大。如果不喜欢九层塔的气味重，此步骤可以不放，但不要将前面步骤中的九层塔都省略。

20. 准备少许黄酒倒入碗中。

21. 将黄酒倒在锅盖上，将锅中香气封住，同时酒香散发，气味非常迷人。如无黄酒，此步骤也可省略。

22. 三杯鸡就做好啦！这道菜非常美味哦，不输饭馆的。

营养均衡亲子餐

一张家常肉饼，三人分着吃

一张家常肉饼，三人分着吃，永恒流传的美食基因。

肉饼虽然简单，但是总能带着浓浓的家的味道，无论游子离家多远，都会记得那个味道，都会把那个味道传给自己的孩子，一直流传下去。

这道肉饼是家传菜，很多都是些小技巧让肉饼特别柔软，层数更多，好吃，做起来也更方便。绝对是北方浓墨重彩的肉饼口味，松软层多，肉馅多汁。

配料

富强粉若干，海天黄酱100克，葱末少许，姜末少许，猪肉馅500克，葱1根，盐8克，鸡精5克，料酒15克，香油少许，胡椒粉少许。

做法

1. 取一大盆放入富强粉。

2. 和面方法是关键步骤：将面粉中心挖一个坑，将部分水倒入坑中，切勿一次性倒入全部水。

3. 用筷子从中心位置开始画圈搅拌，随着搅拌，周围的面粉会裹入其中，面团越来越大。

4. 接着搅拌面团，分两到三次倒入余下的水。每次倒入后都耐心画圈搅拌，防止搅拌过快出现面疙瘩。

5. 最后所有干粉都搅拌入面团中，成为非常柔软的面团，此时面团比较稀，会非常粘手和粘盆，不要用手和面。就这样放在盆中醒半个小时。

> **Tip** 每种面团吸水量不同，需要自行调整。加入的水量最终使面团状态非常柔软，很黏手，成为不能握在手中的稀面团。

6. 现在开始制作肉馅：首先炒黄酱，准备海天黄酱100克，少许葱末，少许姜末。

> **Tip** 也可使用别的牌子的黄酱。

7. 锅中放入少许油烧热，将葱末、姜末和黄酱放入其中，小火翻炒至散发酱香。

8. 将炒后的黄酱盛出晾凉备用。

9. 取一大盆，将肉馅中所有材料，猪肉馅500克，葱一根（切成葱花），盐8克，鸡精5克，料酒15克，香油少许，胡椒粉少许，炒后的黄酱，倒入盆中。

10. 全部材料搅拌均匀，肉馅就做好了。

11. 此时面团醒好了，面团非常稀容易粘手。此时在手上蘸上水，轻轻拍在面团表面，就很容易将面团从盆中取出了。

12. 将面团平分为4~5块，平分面团的时候如不好操作，手上蘸水后进行。将分好的面团表面迅速裹上一层面粉防粘，千万不要揉面团。

13. 案板上撒好面粉，取一块面团，用擀面杖擀成长方形饼坯。

14. 将肉馅平铺在饼坯上面。

15. 用刀在饼坯下边沿均等的划开四个切口，每个切口长约2厘米。在饼坯上边沿对称位置同样划开四个切口。

16. 从右侧开始，将最右边的上下两片饼坯向中间对折。

17. 将对折后的饼坯向左侧翻折。

18. 再将上下两片饼坯向中心对折，盖在原先的饼坯上。

19. 重复上述动作，直到将所有饼坯对折完毕。整形面团，不露出肉馅。由于面团非常柔软所以延展性非常好，整形很容易操作。这样的肉饼整形方法，让肉饼的层数更多，更加柔软。

20. 轻擀面团，将面团擀成圆形肉饼。

Tip 不要过分使劲擀面团，很容易粘在案板上露出肉馅。

21. 在电饼铛中刷少量的油，将肉饼放入电饼铛中，此时如果觉得刚才擀的肉饼不够薄，不够均匀，可以用手按压肉饼，使肉饼变得更均匀。盖上电饼铛，按照自家电饼铛烙肉饼的档位设置时间，5~7分钟就可以了。

22. 出锅，完成啦。

花式蒸饺，在一起就好

　　花式蒸饺，春节必备的饺子，团圆的节日端上来一笼热气腾腾、五颜六色的饺子，一家围坐一起欢乐的宴席，在一起就好。

❀ 配料（视饺子大小不同个数不同）

肉馅：鸡胸脯肉 200 克，小香菇 8~10 朵，葱少许，盐 3 克，鸡精少许，姜粉少许，胡椒粉少许，酱油 8 毫升，香油 8 毫升，料酒 10 毫升。

饺子皮：面粉 300 克，开水 150 克。

❀ 做法

1. 首先制作肉馅：将鸡肉打成肉泥，香菇用水泡发。

2. 鸡肉泥中加入葱少许、盐 3 克、鸡精少许、姜粉少许、胡椒粉少许、酱油 8 毫升、香油 8 毫升和料酒 10 毫升，用筷子搅拌，直至肉馅上劲。

3. 香菇切成小丁，加入鸡肉馅中。

4. 搅拌均匀。

5. 然后制作饺子皮，面粉 300 克和开水 150 克和成面团，揉至光滑面团，可视面粉吸水量自行添加或减少水量。

6. 将面团做成圆环状。

7. 将圆环面团斩断，成为长条面团。

8. 切成大小均匀的剂子。

9. 蝴蝶花式蒸饺：用擀面杖擀好饺子皮。

10. 将饺子皮两侧向上折叠，折叠角度如图，大概占整个饺子皮的 3/4。

11. 将折叠的饺子皮翻转过来。

12. 在饺子皮中间放入肉馅，不要放入过多肉馅，肉馅距离四周要留些空隙。

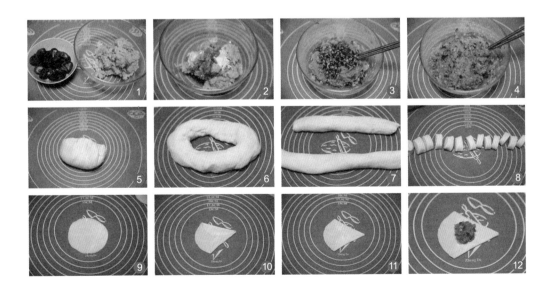

13. 捏起饺子皮底侧尖角向上折起90度。

14. 随后提起侧面的饺子皮尖角也折起90度，将两个相邻的边捏在一起。

15. 将两边捏紧。

16. 另外一侧同样的方法，将两边捏紧。

17. 用手指顶起饺子上端的皮，顶在如图中间的位置。

18. 将中间部分饺子皮捏紧，两侧的饺子皮不要封口。

19. 用食指和拇指在饺子皮如图位置捏出花边。

20. 另外一侧同样捏出花边。

21. 从饺子下部将刚才折叠的饺子皮向上翻起。

22. 另一侧也同样翻起，蝴蝶花式饺子就做好了。

23. 翅膀花式蒸饺：这个比较简单。在饺子皮中放入肉馅，捏成普通的饺子。

24. 用食指和拇指捏起向一侧按压面皮，做出花边。

25. 饺子都要捏出花边。

26. 将饺子对折。

27. 整理形状，翅膀花式蒸饺就做好了。

28. 四宝 / 五宝蒸饺：饺子皮中央放入肉馅。

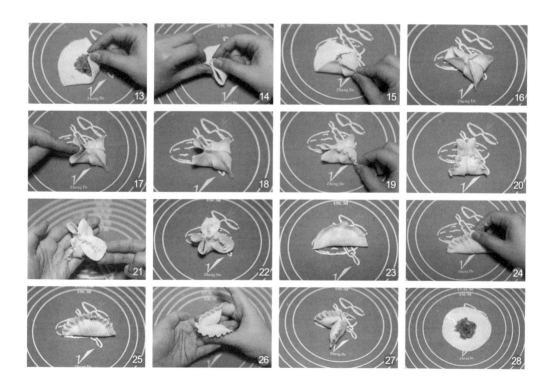

29. 将饺子皮平分成四份，用手指顶向中央。

30. 将中央的部分捏紧，外侧不要收口。

31. 将相邻的两个边互相捏紧。

32. 四个边都是这样捏紧。

33. 如果不好捏紧可以蘸少许水，捏紧后如图中的样子。尽量每个边都捏成同样大小，比较美观。

34. 拓展：同样的方法也可以制作五宝花式饺子。

35. 准备四种不同颜色的材料，材料可以按时令变化，主要就是颜色要鲜明区别开。我准备的是绿色的豌豆、红色的胡萝卜切小丁、黑色的木耳切小丁以及黄色的捏碎的熟蛋黄。

36. 将不同颜色的馅填入饺子的圆孔中，放入蒸笼。蒸笼上气后蒸 8~10 分钟，即可出炉。饺子完成啦。

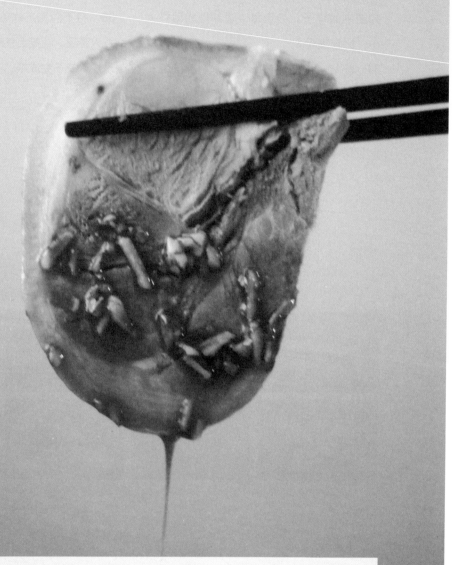

营养均衡亲子餐

水晶肘花，玻璃心的妈妈

配料

主料：猪肉（前肘）1个。

辅料：葱2段，姜1块，食盐1茶匙。

蘸料：蒜2瓣，鸡粉1茶匙，生抽2茶匙，胡椒粉1茶匙，香油1/2茶匙。

做法

1. 一定选猪前肘，其骨头小，肉相对嫩。用火燎去猪毛，让肉皮更紧，烫掉血水，入锅开始炖，如果有时间可以炖上一夜，我一般没有时间的话，也要高压锅文火煮上两小时，炖的时候放食盐、葱、姜即可。

2. 煮的透透的，肉骨已经分离。用刀沿着骨头剔骨，一定要煮透，不然剔骨很难。

3. 肘子剔好后备用。

4. 用手把肘子卷起来。

5. 用锡纸将肘子全部包起来，锡纸比较硬，包上后两头拧紧，就会定型。

6. 肘子卷好后就这样放入冰箱过夜，等肉汤凝成肉冻，就很容易定型，基本无难度。

> **Tip** 锡纸比较硬，包起后本身有一定支撑力，可以辅助肘子定型。

7. 过夜后肘子定型。

8. 蘸料做法：蒜搓成蒜末，蒜末中加鸡粉、胡椒粉、生抽、香油，调和即可。

9. 肉切成薄片，配上蘸料就完成啦！

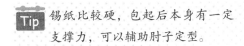

营养均衡亲子餐

翡翠虾仁，我们家的光盘行动

今天的晚餐是特别适合夏天这个季节的，翡翠虾仁。翡翠虾仁漂亮的颜色，以及清淡的味道，为家人增添了食欲。晚餐，一起吃光光。

☙ 配料

主料： 虾仁 20 只，菠菜 1 根，黄瓜 1 根。

辅料： 食盐 4 克，鸡精适量，料酒 5 毫升，胡椒粉少许，淀粉适量，植物油 10 毫升。

☙ 做法

1. 处理虾，去壳，除虾线。虾的背部抛开去虾线，这样虾仁滑的时候就会卷曲，变成虾球。

2. 处理好的虾，加盐、胡椒粉和料酒腌制。

3. 菠菜洗净只用叶子，黄瓜洗净切片。

4. 菠菜只要叶子，用料理机打碎，如果没有料理机，想办法捣碎也可以，重要的是一定要菠菜末儿，不要切成片状就用，那是裹不上虾仁的。

5. 不粘锅滑虾仁，倒入适量油。

6. 虾仁下锅前抓薄薄的淀粉，倒入锅中。虾仁下锅就会卷曲变成虾球。

7. 变色就可以盛出来了，不要滑的时间过久。

8. 勾芡是关键，取两勺菠菜末儿加少许水，加入适量盐、鸡精调味。

9. 再加适量的淀粉: 这个淀粉的分量很重要。因为菠菜的水量每次都不同, 所以并没有准确的分量, 主要是凭经验, 勾薄芡, 最后要嫩挂住虾球, 不能太厚也不能太薄。这个步骤失败很正常, 如果看着勾芡的浓度不对, 就重新制作, 所以建议之前多做一些菠菜末儿。

10. 刷干净锅, 放少许油, 将芡粉倒入。

11. 状态就是如图这种, 浓厚合适, 可流动。一次做不好很正常, 不要气馁。一般第一次失败很正常, 第二次就差不多找到感觉了。

12. 倒入虾球, 随后倒入黄瓜, 让芡粉很均匀地包裹住虾球。

13. 盛盘, 稍微摆摆盘, 一道大菜就做好了。

营养均衡亲子餐

咸蛋黄焗南瓜，幸福满溢的一天

咸蛋黄焗南瓜，又叫作金玉满堂。春节年夜饭的时候做一道，这是幸福吉祥有寓意的一道菜。而且南瓜营养丰富，年夜饭往往是大鱼大肉，配上一道素菜，调节口味。我喜欢的咸蛋黄焗南瓜要比较干，不能是水塌塌的，南瓜软但是不散。

❀ 配料

主料：南瓜 300 克，咸蛋黄 2 个。

辅料：鸡精少许，盐 3 克，淀粉 50 克。

❀ 做法

1. 准备食材。

2. 将咸蛋黄剥出来，放在碗中，加入鸡精，用勺子碾碎。

3. 南瓜切成一口大小的薄片，尽量大小均匀。

4. 将 3 克盐撒入，腌制 10 分钟左右。

5. 将腌过后南瓜出的水倒掉，同时另外准备一个盘子倒入淀粉。

6. 将南瓜放入淀粉中，正反面均匀地粘上淀粉。

7. 将全部南瓜片都均匀地粘上淀粉。

8. 起锅倒入适量油，将南瓜片放入锅中炸熟，南瓜表面呈金黄色即可。

9. 全部南瓜都炸熟，将油沥干，备用。

10. 另起新锅，倒入一小勺油，将步骤 2 中的咸蛋黄倒入，翻炒均匀呈糊状。

11. 直到咸蛋黄泛起泡沫，将南瓜片倒入。

12. 翻炒均匀，咸蛋黄会裹在南瓜片表面。

13. 咸蛋黄焗南瓜就完成啦！

定制儿童餐

小朋友爱吃系列 1: 天鹅泡芙

　　天鹅泡芙，惹眼的外形，酥脆可口，内含丰富口感的香草奶油夹心，永远是孩子的心头好。在小朋友的聚会上，它永远是最亮眼的明星。

❀ 配料（16~20 个）

低筋面粉 100 克，水 160 毫升，黄油 80 克，糖 1 小勺，盐 1/2 小勺，鸡蛋 3 个左右。

主厨奶油（克斯得馅）材料：200 克牛奶，香草荚 1/4 个，蛋黄 2 个，白砂糖 50 克，淀粉 8 克，低筋面粉 9 克，鲜奶油 100 克（或者 100 克奶油奶酪）。

❀ 做法

1. 首先制作主厨奶油（克斯得馅），计量好所有材料。

2. 在盆中放入 2 个蛋黄、50 克砂糖，搅拌至发白。

3. 将淀粉 8 克，低筋面粉 9 克过筛，筛入步骤 2 中的盆中搅拌均匀。

4. 请仔细搅拌均匀至看不到干粉的无颗粒状态。

5. 将香草荚切开，放入 200 克牛奶中，中火煮到沸腾。

6. 将煮沸的牛奶少量分多次逐渐加入步骤 4 中，不要一次性都倒进去，防止牛奶一下子将鸡蛋烫熟或烫出蛋花。

7. 将步骤 6 至中火上煮开并不断用搅拌工具搅拌。注意控制好火候，避免主厨奶油煮制时糊底。

8. 直到成为光滑无颗粒的黏稠面糊。

9. 从锅中盛至容器中，不断搅拌防止结块，直到晾凉。

10. 另取一容器将 100 克鲜奶油打发。

11. 将步骤 9 和鲜奶油混合均匀，主厨奶油就做好了。

12. 放入裱花袋中备用。

13. 制作泡芙面团：水 160 毫升，黄油 80 克，糖 1 小勺，盐 1/2 小勺一起放入锅里，用中火加热并且慢慢搅拌均匀。

14. 当黄油全部化开，所有材料和水混合均匀后，将火开到最小火，倒入全部面粉。

15. 用木勺快速搅拌，使面粉和水完全混合在一起。直到不见干粉以及面疙瘩，成为不粘锅的光滑面糊以后，就可以关火了，把锅从炉子上取下。

16. 取一容器，将面糊放入其中，用刮刀不停搅拌，直到面糊不再烫手。

17. 将三个鸡蛋打散，分 7~8 次将蛋液加入面糊中，每次加入后都需要搅拌至蛋液完全被面糊吸收，再加下一次蛋液。

18. 此配方中的鸡蛋分量有可能多也有可能少，请注意面糊的状态，加蛋液直到面糊细腻有光泽，用筷子挑起面糊呈现 4 厘米左右的倒三角状，这时就可以停止加蛋液了，泡芙面糊就做好了。

19. 将面糊装进裱花袋中，使用直径 1 厘米左右的圆形裱花嘴，有间隔地横向挤面糊，快结束的时候提起裱花嘴，让面糊呈胖水滴状。

20. 用叉子在每块面糊上刷上水，防止泡芙开裂。

21. 另外剩余的泡芙面糊，用 3 毫米的小裱花嘴挤出"2"字，成为天鹅的脖颈。

22. 烘焙：烤箱中层，上下火，210度烤焙10~15分钟，待泡芙膨胀定型后，将温度降到180度，烤20~30分钟，直到泡芙表面呈黄褐色。

23. 天鹅脖颈烘焙用180度，大概烘烤8分钟左右，面糊膨胀边角开始变黄就烤好了。

24. 天鹅泡芙组合，首先取天鹅身体，从

上面用刀横向切一刀。

25. 换一个角度，从尾部横向再切一刀。

26. 呈现如图的状态，在天鹅身体中挤入之前做好的主厨奶油。

27. 将两片翅膀组合起来。

28. 最后插入天鹅的颈部，就完成了。

29. 装盘，天鹅泡芙完成了。

定制儿童餐

小朋友爱吃系列 2: 花样馒头

　　年味，只是看看就高兴。春节花样馒头，中国年传统的延续。记得小时候家里就会捏小刺猬、小兔子的馒头给小孩子玩，光是摆着、看着，连摸一下也舍不得。吃的时候谁也舍不得给，就一定要自己吃光光。那些特别可爱的造型，连吃也舍不得，就摆在那里留着看。

　　现在，我们也来学习制作这些可爱的馒头，把这种传统一代代延续下去。

☙ 配料（大约制作各种样式馒头9~10个）

富强粉500克，水250克，酵母5克，白砂糖10克；红枣若干，红豆若干，黑豆若干。

☙ 做法

1. 计量好所有材料，将酵母放入少量温水中；所有材料混合，揉匀，直至揉成光滑的面团，将面团盖上湿布，置于温暖潮湿处发酵一两个小时，发酵完成后将面团揉至光滑。

2. 小刺猬馒头的制作：称量50克面团，将面团揉至一头尖的胖水滴状。

3. 用小剪子从尖端处起1/4处开始剪出尖角，第一层剪四个尖角，第二层与第一层的尖角错开，以此类推。

4. 刺猬身体要剪满尖角，在刺猬眼睛的地方塞上两颗红豆，小刺猬造型做好了。

5. 小兔子造型：称量50克面团，将面团揉至一头尖的胖水滴状。

6. 用大一些的剪子在面团尖端1/4处剪出兔子的长耳朵。

7. 另外一侧同样剪出耳朵，将两个耳朵向上竖起整形。

8. 在兔子眼睛处塞上两个红豆，小兔子造型做好了。

9. 小羊造型：称量50克面团，将面团揉至一头尖的胖水滴状。

10. 在面团圆头处左右对称捏起两个小耳朵。

11. 将左右整形，两侧耳朵大小对称。

12. 用小剪子将耳朵从下端剪开。

13. 整形耳朵，将耳朵向外侧拉一点儿，形成对称而上翘的两个小耳朵。

14. 制作嘴部，用剪刀剪开面团的尖端。

15. 将嘴部打开，塞上一颗红豆作为支撑。

16. 在两个耳朵之间塞上两颗红豆作为羊角，并用工具戳出小坑的纹理装饰小羊，此步骤可以使用牙签。

17. 在眼睛处塞上黑豆，小羊就做好了。

18. 前面简单的造型学会了吗？那么现在开始做稍微复杂一点儿的小龙。小龙的做法：称量好130克面团，搓成长条状，头部圆，越到尾部越细，将面条盘成S状。

19. 用小剪刀在龙头处剪出两个大一些的

犄角，在犄角中间再剪一刀。

20. 用剪刀在犄角四周剪出四个小角，同时嘴部也用剪刀剪开并且塞上红豆作为支撑。

21. 在眼睛处塞上两颗小红豆。

22. 从头部开始用剪刀剪出小尖角，一直延续到尾巴，每一行尖角都要错开剪，在尾部中间剪开，成为尾翼。

23. 去一小块面团搓成长条，在一段剪三刀，做出小龙的爪子。

24. 共制作两个爪子，贴在小龙的两侧，小龙造型完成，可制作两条小龙，另外的小龙盘S型时方向相反即可。

25. 花朵馒头做法：称量 15 克的面团，一共称量 6 个。

26. 将每个面团搓成细长条，头尾相接，做成花瓣状。

27. 6 个花瓣相接，中央部分捏实。

28. 在每个花瓣中间塞上一颗红枣，花朵造型完成。

29. 将捏好的花式馒头置于温暖潮湿的地方，再发酵一个小时，随后上蒸锅，冷水入锅，大火水开了上汽后转小火继续蒸，蒸 20 分钟即可。

30. 花式馒头做好了，一起学起来，为春节增加一些色彩！

小朋友爱吃系列 3: 蛋包饭

　　蛋包饭，蛋皮上写着可爱文字，未动筷子就让孩子觉得可爱新奇。划开蛋皮，露出红滋滋的番茄炒饭，各种色彩的搭配，像是一幅儿童画。

　　蛋包饭的蛋皮包里是有一定小技巧的，这篇菜谱手把手教大家如何成功做出蛋皮，一起来试试看吧！

☙ 配料

米饭 200 克，鸡蛋 3 个，鸡胸脯肉 1 块，胡萝卜半根，豌豆少许，洋葱半个，大蒜 3 瓣，彩椒少许，番茄沙司 40 克，牛奶 20 克，盐 4 克，白砂糖少许，胡椒粉适量，淀粉少许，黄油适量。

☙ 做法

1. 准备好所有材料。

2. 小锅内煮开水，将豌豆放入煮熟。

3. 豌豆煮熟后，捞出沥干水放入盘中备用。

4. 鸡肉切成小块，放入少许淀粉抓匀。

5. 将胡萝卜、洋葱、大蒜和彩椒切为均匀的小块。

6. 锅中放入少许黄油，待黄油完全溶化。

7. 将大蒜及洋葱丁放入锅内翻炒，直至翻炒出香味。

8. 将鸡肉放入，翻炒至鸡肉全部变色。

9. 胡萝卜、洋葱、大蒜、彩椒丁一起放入锅内翻炒。

10. 将番茄沙司倒入，翻炒均匀。

11. 将米饭抓松散，放入锅中。

12. 将所有材料翻炒，直至米饭和所有材料均匀混合，盛出来备用。

13. 下面开始炒鸡蛋，将 3 个鸡蛋打入碗内。

14. 将牛奶加入鸡蛋中。

Tip 鸡蛋加入牛奶，摊出的鸡蛋会更顺滑。

15. 将鸡蛋和牛奶搅打均匀。

16. 使用不粘锅，放入少许黄油，待黄油溶化。

17. 将鸡蛋液倒入锅中，小火摊鸡蛋，同时用筷子搅拌鸡蛋液。

18. 直至鸡蛋液表面凝固，即刻离火。

Tip 鸡蛋表面凝固即可离火，鸡蛋整体还有点儿微微可流动性，这样才能将米饭包裹住而不散。鸡蛋不要完全熟透而过硬。

19. 离火后，将米饭呈椭圆形集中放在蛋皮中部。

20. 开小火，将锅重新放回灶台，倾斜不粘锅，使得蛋皮连同米饭向一侧滑动，蛋皮顺着不粘锅的锅边向内卷，如图包裹住米饭。

21. 继续倾斜不粘锅，如图用铲子将上侧的蛋皮也包裹住米饭。

22. 直至蛋皮基本包住米饭即可，不必全部将米饭包上，这样就可以离火了。

23. 将盘子扣在蛋包饭上，连同不粘锅一起翻转，将蛋包饭倒扣在盘中。

24. 蛋包饭就做好了。

25. 可以用番茄酱在蛋包饭上写上喜欢的文字。

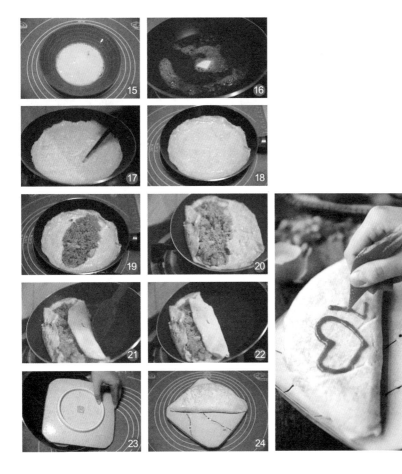

定制儿童餐

小朋友爱吃系列 4: 华芙饼

脆壳松软华芙饼，是一款用发酵的面团做的华芙饼，外壳酥脆，内心如面包质地般的松软。华芙饼可以搭配各种配料，鲜奶油、巧克力、水果和冰激凌等。春天和秋天可以搭配各种鲜水果，新鲜水果搭配明亮颜色，让生活也亮起来；夏天搭配冰激凌，冰火两重天；冬天搭配热巧克力、热糖浆。午后的阳光洒在阳台上，配上一杯红茶，一起享受一下悠闲的时光。

🌸 配料（约制作 8 个华芙饼）

中粉 180 克，细砂糖 45 克，鸡蛋 1 个约 50 克，蜂蜜 10 克，牛奶 40 克，盐一点点，酵母 4 克，黄油 60 克。

🌸 做法

1. 将材料中所有食材除了酵母和黄油外，都放入一个大盆中。酵母用一点点温水化开。

2. 将化开的酵母也放入大盆中，用手揉成光滑面团。

3. 此时加入黄油，用手揉面团，将黄油揉进去。此过程和揉面包方法相似。

刚放入黄油后，面团会很黏手，不要着急，慢慢揉面团，当面团出现面筋后，面团会重新变得光滑不粘手。

4. 直到将面团揉至扩展阶段，拉起面团可以在手指上形成薄膜。此过程视臂力而定，也可以使用面包机、揉面机等。

5. 将面团保湿，放在温暖湿润处发酵一个小时。冬天放在暖气上面，夏季放室内发酵。

6. 发酵后面团会膨胀至原来的两倍大小，用手指按下去会形成一个不会弹起来的坑。

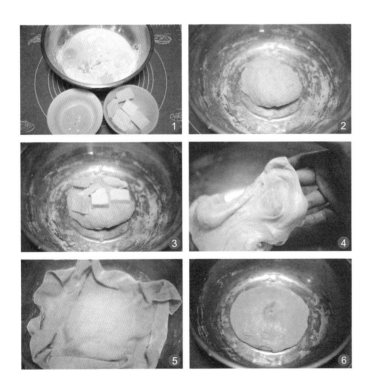

7. 将面团分割成 50 克 / 个，揉圆后，盖上湿布，再发酵 30 分钟。

8. 使用华芙饼模具，我使用的是可在煤气炉上直接用的模具。

将面团按在模具中央位置。

> **Tip** 第一次使用模具需要涂抹黄油保养，如果不是第一次使用的模具，则不需要涂抹黄油。

9. 盖上盖子后，开始烤华芙饼。一定要将模具在火上来回翻面来回移动，保持两个华芙饼都受热均匀。每个面各烤 2 分钟左右，后期更要勤翻面保持火力均匀，这样才能上色均匀好看且不糊。最后打开看看，如果上色不理想，可继续盖上盖子再烤一会儿。

10. 烤好后，打开盖子，华芙饼就做好了。

11. 这个季节有各种漂亮的水果，可以搭配草莓、树莓、蓝莓来吃。配上鲜奶油，淋上一些巧克力，做成各种各样的造型，不仅好吃，视觉上也是享受。

定制儿童餐

小朋友爱吃系列 5: **菠萝饭**

菠萝李——除了凤梨酥还能做啥，菠萝炒饭，洋溢着浓浓的南洋风。还记得在泰国吃过的特别好吃的菠萝炒饭，里面的配菜异常简单，虾、腰果、葡萄干，却非常美味。菠萝的酸甜更加突出了虾肉的甘甜，融入米饭中，配合腰果和葡萄干的点缀，入口甜香。

❀ 配料

菠萝半个，虾 6~8 只，米饭 300 克。

洋葱小半个，大蒜 2 瓣，腰果少许，葡萄干少许，豌豆少许，盐 3 克，鸡精少许，胡椒粉少许。

❀ 做法

1. 首先把菠萝肉挖出来，顺便制作装菠萝饭的器皿。选择全熟的菠萝，味道甘甜，不涩。对半切开。

2. 将菠萝肉用刀划出若干方格子。

3. 用勺子把菠萝肉挖出来。全熟的菠萝很好挖，轻松取出菠萝肉。如果你的菠萝肉挖不动，那说明你买的菠萝不够熟，味道也会涩。

4. 将菠萝肉挖净，这半个菠萝可以作为菠萝饭的器皿，非常好看。全熟菠萝不用泡盐水，本身没有涩味。如果菠萝涩味很重，就需要事先泡盐水。

5. 准备其余素材。

6. 剥开虾，留虾尾不剥。

7. 锅中放入少许油，滑虾球，待虾变成粉红色至熟透，离火备用。

8. 新起锅放入少许油，放入大蒜以及洋葱末儿炒香。

9. 放入剥虾时候出的虾油，这样的菠萝饭是微微呈红色的。如果你买的虾没有虾油，则可以省略不放。

10. 加入米饭和青豆，翻炒均匀。

11. 加入盐，胡椒粉和鸡精调味。

12. 加入腰果、葡萄干和虾，最后放入菠萝，大火爆香，稍一翻炒至均匀即可。

Tip 菠萝不能炒过长时间。

13. 最后将菠萝饭装入事先准备好的菠萝容器中，即可食用。

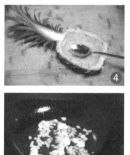

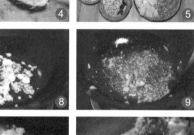

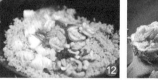

定制儿童餐

小朋友爱吃系列 6: 奶黄、黑芝麻汤圆

❀ 配料

奶黄馅（40 个分量）：白砂糖 25 克，奶粉 20 克，玉米淀粉 40 克，炼乳 25 克，动物淡奶油 50 克，黄油 60 克，椰浆 35 克。

黑芝麻馅（40 个分量）：黑芝麻 150 克，糖粉 150 克，猪油 150 克。

皮：汤圆粉（糯米粉）400 克，水 385 毫升。每种汤圆粉吸水量不同，需自行调节。

大约制作 40 个左右汤圆。

❀ 做法

1. 首先制作奶黄馅：称量好所有材料。

2. 首先将黄油放入大碗中，隔水溶化至液态。再加入其余的所有材料。

3. 将混合物搅拌至顺滑无颗粒的状态。此步骤可使用电动打蛋器。

4. 蒸锅水开上汽后，将搅拌好的混合物放入蒸锅，盖上锅盖蒸 30 分钟。每隔七八分钟打开盖子，用勺子彻底搅拌混合物。

5. 随着所蒸时间越来越长，混合物越来越黏稠，搅拌均匀，彻底翻动底部，逐渐形成奶黄馅的质感。

6. 蒸 30 分钟后出炉，此时奶黄馅会出很多油，无须急躁，只需继续彻底翻动奶黄馅，直至晾凉。

7. 随着翻动，出油会被奶黄馅吸收，最后成为无油的奶黄馅。至温度不烫手时，可放入冰箱冷藏。

8. 将奶黄馅分为 10 克 / 个，揉成小圆球备用。如果奶黄馅尚有温度，这一步会不好操作，继续放入冰箱冷藏，直至温度明显比手温低。

9. 下面制作黑芝麻馅：将黑芝麻放入锅中炒熟，小火翻炒，直至翻炒出香味即可，不要糊了。也可以直接买熟黑芝麻，就可以省去这一步。

10. 将炒好的黑芝麻放入料理机中打碎。如果没有料理机，也可以用擀面杖擀碎，缺点是时间长而且没有料理机打碎的细腻。

11. 将打碎的黑芝麻 150 克，以及糖粉 150 克，猪油 150 克放入容器中。

12. 戴上手套，将混合物揉匀，直至看不到干粉，所有混合物成为泥状，放入冰箱冷藏一会儿。

13. 冷藏后黑芝麻馅会很好操作，不粘手。将黑芝麻馅料分为 10 克 / 个，揉圆备用。如果此过程不好操作，就将馅料继续放置冰箱冷藏直至比手温低，就会好操作了。

14. 制作汤圆皮：汤圆粉（糯米粉）400 克，水 385 克。每种汤圆粉吸水量不同，需自行调节。可按照购买的汤圆粉上的说明来进行调节。

15. 将水放入汤圆粉中，和面。不要一次性加入所有的水，看着状态慢慢加入。直至面团成为光滑整齐、不沾盆不粘手的状态就可以了，摸起来像塑形的石膏般触感。

 Tip 检验面团是否合格的方法：捏起一小块面团，可在手掌中轻松揉圆，既不粘手掌也不会碎裂。揉圆后再压扁面团，可以轻松压扁不断裂，这样就可以了。

16. 下面开始包汤圆（以奶黄馅料为例）：汤圆皮分为 20 克 / 个的剂子。

17. 取一块汤圆皮，在手掌中压扁，中间用拇指按一个小坑。

18. 放入奶黄馅料。

19. 将汤圆皮向上收口，使汤圆皮爬上馅料。最后在顶部收口。

20. 将汤圆用手掌揉圆。

21. 汤圆放入滚水中，中火煮大约 5 分钟，直至汤圆浮起至水面就是煮熟了。

22. 起锅盛碗，即可食用。

定 制 儿 童 餐

小朋友爱吃系列 7: 脆皮炸鲜奶

❄ **配料**

馅料：牛奶 400 克，鲜奶油 100 克，糖 50 克，淀粉 80 克左右（可适当增减，要看面糊状态）黄油 2 克，鱼胶 2 克，蛋清 1 个。

脆皮配料：面粉 100 克，水 80 克，鸡蛋 1 个，泡打粉少许（没有可以省略，加了泡打粉脆皮会很脆，和不加口感区别较大）。

❄ **做法**

1. 准备好所有材料。

2. 首先制作馅心：淀粉加适量水，调成糊状备用。

3. 鱼胶片用清水泡好，备用。

4. 取一小奶锅，将牛奶 400 克、鲜奶油 100 克、糖 50 克、黄油 2 克加入，混合在一起。

5. 将步骤 4 混合物小火煮到有小气泡，倒入化开的鱼胶。

6. 逐步加入水淀粉，一定边加入边搅拌，一直到如图浓稠状态。一定要看状态，决定加多少水淀粉，不要都已经很硬了还把全部都加进去。

7. 加入蛋清，快速搅拌，这期间一直用小火并且不停搅拌。

8. 入蛋清后面糊会变得有光泽而且更有弹性，随后找一个容器将面糊平摊在里面，包上保鲜膜放在冰箱里冷却 2 小时左右。我建议提前一天准备，放在冰箱中过夜，上桌前拿出来一炸就行了，这样比较快。

9. 炸之前将冷冻成型的面糊切成适当大小。

10. 制作面糊：将面粉100克，鸡蛋1个，泡打粉少许放入容器中。

11. 缓慢加入水调匀成图中缓缓流下的面糊。

12. 开锅倒油先扔一小块面糊试一下油温，看面糊蓬松起来了，就差不多可以下锅了。

13. 鲜奶块蘸满面糊。

14. 下锅油炸，每次不要炸太多，每块之间要有距离，直到炸至表面金黄，就可以出锅了。

15. 可以蘸炼乳吃，非常好吃，有浓郁的天然奶香。

餐后

牛轧糖，美好的亲子时光

一起动手，一起制作，一起分享。当把一颗颗刚做好的温热牛轧糖和家人一起放入口中时，看看孩子脸上甜甜的微笑，幸福就是这么简单。

配料

蛋白20克，白砂糖113克（分两份，一份100克，一份13克），花生仁（生）200克，水30克，食盐2克，水饴200克，奶粉38克，黄油34克。

做法

1. 准备好所有食材，将材料称量好，避免制作时手忙脚乱。

2. 花生仁放入烤箱中，150度半小时，把花生烤熟。

3. 烤熟后花生皮就很好脱落，双手揉搓，剥落花生皮，使花生一直处于温热状态，不要放凉，可一直在烤箱中保温。

4. 将蛋白20克和13克白砂糖混合，打发至八分发，有软软的小角就可以了。

5. 将100克白砂糖、30克水、200克水饴和2克食盐混合，放入锅中煮至135~136度，夏天要比冬天再稍高2度。

请注意：如果温度不够，牛轧糖会不成形，务必加热至135度以上；加热后期要耐心地搅拌糖浆，尤其是锅边的糖浆不要烧糊，不要变色。

6. 熬煮后的糖浆基本上就是这个样子，很黏稠，一直在沸腾。

7. 将烧好的糖浆倒入打好的蛋白中，用打蛋器搅打均匀，刮刀可以用来刮附着碗壁的糖浆，糖浆温度很高，注意安全；另外如果天冷可以将容器坐在一盆温水中，这样碗壁附着的糖浆比较好刮下来。

8. 加入34克黄油搅拌均匀，此步骤如果动作慢，糖浆已经凉了请不要使用小功率的打蛋器，易损坏，可以坐在热水盆中让糖浆温热，或者使用刮刀也可以拌匀，不过时间更长。

9. 加入38克奶粉搅拌均匀，注意事项同上。

10. 加入熟花生搅拌均匀，加入花生后糖

的理想状态是不再沾碗壁。

11. 这时的糖理想状态就是这样，软软的一块，三不粘，连手指都不沾，戴上手套可以直接在不沾的烤盘中叠压，折叠次数越多，牛轧糖口感越顺滑。

12. 将叠压好的牛轧糖，在盘中压平整整形。

13. 趁还温热时候切块，温热时切块比较省力。

14. 将牛轧糖切为大小均匀的糖块。

15. 可以买好看的糖纸，包糖果。

覆盆子蔓越莓冰激凌，你们安好，便是晴天

这是一道最适合夏天的甜品。

家庭制作的冰激凌也可以变得高大上，简单调味加简单装饰，瞬间就从一道普通的冰激凌变成了高大上甜品一道。

这次主要推荐的是覆盆子蔓越莓口味的冰激凌，当蔓越莓干吸饱了覆盆子果泥的果汁，蔓越莓干会软化，并且自身的甜味会中和覆盆子的酸味，散发出一股柔和的酸甜口感。

☙ 配料

配方：蛋黄 2 个，砂糖 50 克，牛奶 200 毫升，淡奶油 200 毫升。

辅料：覆盆子（树莓）果泥 120 克，蔓越莓干适量。

☙ 做法

1. 将砂糖加入蛋黄，略打散即可，不要将蛋黄打发。

2. 加入牛奶，搅拌均匀。

3. 小火加热，加热至牛奶滚边，但是一定不要沸腾，70 度左右即可。

加热至砂糖全部溶化，搅拌均匀，牛奶糊会变得微微黏稠。

4. 加热后建议过滤一下，加热的时候容易出现些许渣滓。过滤后的蛋奶糊放在一旁备用。

5. 取覆盆子果泥 120 克放入碗中，覆盆子果泥是冷冻的。

6. 在碗中放入蔓越莓干适量，适量的意思就是一把也可以，两把也可以，按照自己的口味而定。隔水加热溶化，放凉备用。

7. 将放凉的覆盆子泥放入蛋奶糊中。

8. 将所有材料搅拌均匀。

9. 另取一个盆打发鲜奶油，鲜奶油打发到六七成发就可以了，不用全部打发。

10. 将淡奶油加入覆盆子蛋奶糊中搅拌均匀，放入冷冻室。

11. 重点：有人问我为什么自己做的冰激凌冰碴很多，我的回答是："冷冻时候没有充分搅拌"。

冷冻后，开始每隔15分钟拿出来，用电动打蛋器充分搅拌均匀，再放回去，此步骤重复一共四次。随后每半小时拿出来用电动打蛋器充分搅拌均匀，放回冷冻室，直到冰激凌做成。

12. 随着搅拌次数和冷冻时间的增加，冰激凌糊会慢慢地变得黏稠，越来越像冰激凌。

13. 当冰激凌完全成形后，就做好了！
冰激凌做好后吃的时候稍微化冻，用勺子舀出来，可以加一些蓝莓点缀，放一勺覆盆子果泥点缀，就是招待客人很有面子的甜点了。

红豆小圆子，电视中走出的美食

这是一道樱桃小丸子动画片中出现的美食，过年要吃红豆汤，软糯小圆子配上浓浓红豆沙，让小孩子口水直流。怎么办？赶快来做一个吧。

🍲 配料

豆沙配料：红豆 150 克，水适量，白砂糖适量。

圆子：糯米粉 50 克，水 50 毫升。

🍲 做法

1. 首先制作红豆沙，将红豆洗净，浸泡少许时间。

2. 洗净后的红豆放入高压锅，倒入适量水，水量要完全没过红豆，随后高压锅压 30 分钟，直到红豆完全煮烂出沙。

3. 将煮烂的红豆放入料理机中打成豆沙。

4. 将豆沙盛入锅中，放入适量白砂糖熬煮。如果此时觉得豆沙过于黏稠，可以再加入适量水熬煮，直至豆沙变得顺滑。

5. 制作圆子：50 克糯米粉放入大碗中。

6. 在糯米粉中加入 50 毫升水。

7. 搅拌均匀。

8. 直至糯米面团成为光滑整齐、不沾盆、不粘手的状态就可以了，摸起来像塑形的石膏般触感。

9. 用手将面团搓成若干个小团子。

10. 将糯米团子放入热水中煮熟，刚放入的时候团子会沉底，直到浮上水面就是煮熟了。

11. 将红豆沙盛入碗中，加入几个糯米小圆子，红豆圆子汤就做好了。

双味苹果派，娃娃的最爱

双味苹果派，奶香馅和杏仁奶油馅。

❀ 配料（8寸派盘）

派皮：低筋面粉200克，黄油120克，糖粉60克，盐1克，鸡蛋30克，奶粉4克。

奶香馅：鲜牛奶110克，动物性淡奶油100克，糖40克，低筋面粉25克，玉米淀粉25克，黄油10克。

杏仁奶油馅：黄油30克，细砂糖30克，鸡蛋液30克，杏仁粉30克。

苹果：2~3个。

表面装饰：黄油8克，白砂糖5克，糖粉少量。

馅料说明：如想制作出漂亮的派，派皮和馅料都会有剩余，可以用剩余的材料制作一两个小派。

以此配料举例：除了制作8寸苹果派外，派皮和奶香馅均有剩余，可再制作两个8厘米左右的小苹果派。

❀ 做法

1. 首先制作派皮：准备好派皮所有材料，黄油室温软化后，用打蛋器打至顺滑。

2. 将黄油软化后，加入糖粉、盐和奶粉搅拌均匀。

3. 加入鸡蛋液，将鸡蛋液和黄油搅打均匀。

4. 搅拌好的黄油糊，加入低筋面粉。

5. 揉成面团后，放进冰箱冷藏1个小时至硬。

6. 冷藏好的面团取出，案板上撒一些低筋面粉防粘，然后把面团擀成厚约0.3厘米的薄片。

7. 将薄片覆盖在派盘上，用擀面杖在派盘上滚一圈，切断多余的派皮。

8. 在派盘底部用叉子叉一些小孔，防止烤焙的时候鼓起。静置松弛15分钟后即可填入馅料。

9. 下面制作奶香馅料：为了节省时间，馅料制作可以在派皮面团冷藏的时间中进行。将奶香馅料材料称量好，除了黄油以外，全部放入盆中，搅拌均匀无颗粒。

10. 倒入锅中，小火加热，边加热边搅拌，直至变得浓稠如图，离火。

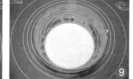

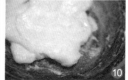

11. 趁着温热加入黄油搅拌均匀。

12. 装入裱花袋备用。

13. 下面制作杏仁奶油馅：称量好所有材料。

14. 用打蛋器将软化的黄油搅打至顺滑，分三次加入细砂糖，直至细砂糖和黄油完全融合在一起。

15. 分三次加入蛋液，每次充分混合均匀后再加入下一次，直至质地柔软顺滑。

16. 搅拌好的混合物是蓬松状态，分两三次加入杏仁粉，搅拌均匀。

17. 装入裱花袋备用。

18. 准备2~3个苹果，切成薄厚均匀的细片。

19. 将刚刚制作好的馅料各挤一半。

20. 均匀地铺上苹果片，转圈的形式铺两层。

21. 表面装饰：5克黄油溶化刷在苹果片上，撒上少许砂糖，放入烤箱200度，中层，30分钟左右。

22. 出炉后撒上少许糖粉，我觉得苹果派温热的时候最好吃，配上一杯红茶，美美地享受吧。

餐后

亲子树根蛋糕，分享的乐趣

配料

蛋糕卷：鸡蛋3个，低筋面粉45克，可可粉18克，细砂糖35克（加入蛋白里），细砂糖25克（加入蛋黄里）。

咖啡奶油内馅：黄油105克，淡奶油65克，糖粉27克，浓缩速溶咖啡粉。

巧克力甘纳许：黑巧克力150克，淡奶油105克，黄油15克。

装饰：糖粉适量，翻糖装饰（可省略）。

做法

1. 首先制作蛋糕卷：准备好所有材料，将蛋白和蛋黄分开放入干净碗中。

2. 将砂糖35克加入蛋白中，用打蛋器打发至硬性发泡状态，提起打蛋器有直立小尖角。

Tip 打发蛋白的盆推荐使用玻璃盆，且干净无油无水，使用大功率的打蛋器打发蛋白比较容易，且在开始时一次性加入砂糖即可。如果家中只有普通打蛋器，打发蛋白时可以如做戚风蛋糕一样，分三次加入砂糖打发。

3. 将25克砂糖加入蛋黄中打发，打至蛋黄发白且体积膨大。

Tip 打发蛋黄要有耐心，需要3~5分钟，蛋黄会明显发白且体积膨大至原来的3倍左右。

4. 取1/3打发好的蛋白放入蛋黄糊中。

5. 用从下往上翻的翻拌手法将蛋黄与蛋白搅拌均匀，成为光滑面糊。

6. 将翻拌均匀后的混合糊，倒回打发蛋白中。

7. 同样用翻拌手法搅拌均匀，直至无明显蛋白颗粒。

8. 轻轻筛入低筋面粉以及可可粉，随后继续用翻拌手法搅拌均匀。

Tip 筛入面粉不要过于用力，尽量均匀地铺在表面，这样翻拌起来比较容易，并且尽量快速完成翻拌。

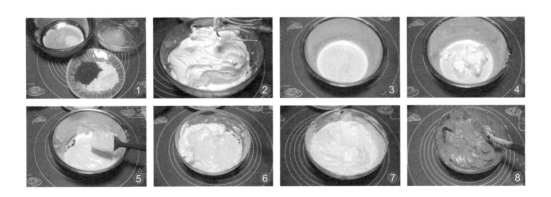

9. 将拌好的面糊倒入烤盘中，烤盘中需铺上比烤盘大一些的油纸，我使用的烤盘是30升烤箱自带烤盘，大约25厘米x29厘米，此范围内相差一两厘米的烤盘均可，放入烤箱，175度，烤15分钟左右。

10. 烤好的蛋糕，趁热撕去下面的油纸，然后将蛋糕重新放在一张干净的油纸或者锡纸上面，原先表面的那面仍然朝上。

> **Tip** 可以将刚刚撕下的油纸覆盖在表面晾凉，防止水分过分流失导致裂开严重。

11. 下面制作咖啡奶油内馅：黄油105克，淡奶油65克，糖粉27克，浓缩速溶咖啡粉一小袋。

将咖啡粉用少量水泡开晾凉备用。

12. 黄油室温软化至轻松捅入一指，也可以用微波炉热十几秒钟软化，掌握时间不要过于软化，用打蛋器微微打散，加入糖粉将黄油打至蓬松发白，呈现轻盈蓬松的状态。

13. 加入鲜奶油，用打蛋器继续打至黄油和鲜奶油完全融合，如果不能很好融合，可放入微波炉加热5~6秒钟即可，融合后的黄油霜应该是蓬松轻盈状态。

14. 加入咖啡液。

> **Tip** 冲泡咖啡以少量水可冲开咖啡即可，切忌水量过多。

15. 用打蛋器打至均匀。

16. 下面制作巧克力甘纳许：黑巧克力150克，淡奶油105克，黄油15克；将黑巧克力切碎放入盆中，加入鲜奶油。

17. 隔水加热，并且搅拌，直到黑巧克力溶化，和鲜奶油搅拌均匀。

18. 趁热加入黄油，黄油溶化，搅拌均匀。

19. 将做好的巧克力溶液放入冰箱中，每隔十分钟拿出来搅拌一下，完全冷却后，巧克力甘纳许就做好了。

20. 取晾凉的蛋糕片，在边角切削2厘米大小备用（用来制作树根的细树根）。

21. 用刀在蛋糕片上每隔 2 厘米轻划出痕迹。

22. 将 5 克白砂糖和 15 克凉开水混合均匀后，加入一勺朗姆酒搅拌均匀，用刷子刷在蛋糕体表面。

23. 将咖啡奶油馅均匀地抹在蛋糕体上。

24. 边推边卷，将蛋糕卷卷起，油纸两头束口，将蛋糕卷放入冰箱中冷藏 1 小时定型。

25. 步骤 20 中切下的一小截蛋糕片，同样卷起来包好，放入冰箱定型。

26. 定型后，将巧克力甘纳许均匀涂抹在蛋糕卷上面，抹好后将蛋糕卷转移到蛋糕盘中，我这次用木制案板作为容器放蛋糕卷。

27. 步骤 25 中的小型蛋糕卷定型后切斜面，

放置在蛋糕卷上方，用巧克力甘纳许涂抹均匀，连接处抹平。

28. 使用叉子，在蛋糕上划出树根纹路，可参考真正的树根，尽量将纹路划得真实美观。

29. 注意用叉子划出深浅不一的树根纹路，整个蛋糕卷外形酷似树根。

30. 做好的树根，切掉两段不整齐的部分，前段可切成斜面，如无其他装饰撒上糖粉即可食用。

31. 撒上糖粉，加上圣诞气氛装饰，就是一道很漂亮的圣诞甜点了。

三口之家的糖霜姜饼

　　圣诞姜饼，圣诞节传统的一道甜点，妈妈带着小孩子一起
动手画糖霜，组装姜饼屋，满满都是爱。

配料

配料：低筋面粉 250 克，黄油 50 克，水 30 克，红糖 75 克，蜂蜜 35 克，鸡蛋 25 克，姜粉少许，肉桂粉少许。

表面糖霜：糖粉 200 克（过筛），鸡蛋清 40 克，新鲜柠檬汁 2~3 滴。

> Tip 使用灭过菌的鸡蛋。

❀ 做法

1. 姜饼是一种传统的小饼干，圣诞必备，有一点儿姜味和肉桂味道。姜饼质地较硬，是我做过的饼干中最硬的，所以常用来搭姜饼屋，我买的市售红糖，红糖一般都是颗粒较大，而且有较大硬块，这时候建议先用粉碎器将红糖打成红糖粉后再使用。将打碎后的红糖粉和黄油放入碗中。

2. 隔水溶化黄油，将黄油和红糖粉搅拌均匀。

3. 加入水，蜂蜜搅拌均匀。

4. 加入鸡蛋，以及所有粉类，揉成光滑面团，用保鲜膜包好静置1小时。

5. 取出静置好的面团，使用擀面杖擀成 3~4 毫米厚。

6. 使用圣诞模具在姜饼面团上压出形状，姜饼面团很好压模，不会粘连也不易变形。

> Tip 姜饼面团第一次压模会很整齐，剩下的面团建议揉成团后松弛半小时继续压模，如果不松弛，压出的饼干会有裂纹且回缩。

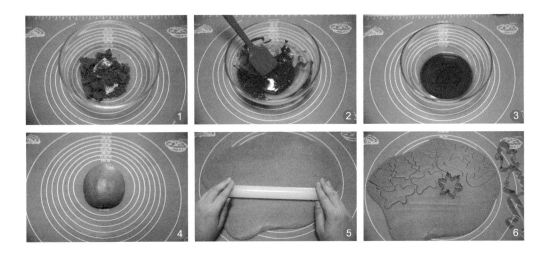

7. 饼干放置在油布或者油纸上，放入烤箱175度，12分钟左右，出炉即可。

8. 出炉冷却至室温。

9. 下面制作糖霜：手动打蛋清，打到粗泡。

10. 分次筛入糖粉，以避免糖粉飞溅。

11. 搅打均匀。

12. 加入柠檬汁，手动继续搅打。

13. 打到如图的提起有弯钩的状态就可以了；如果需要稀一点儿的糖霜，要一滴一滴地加，很少的水就可以稀释糖霜；如果需要硬一点儿的糖霜，可以继续加过筛的糖粉。

14. 将糖霜装入裱花袋中，使用特殊小圆花嘴，如画画般在饼干上面勾勒出图案。这次我做的糖霜饼干是比较简单容易上手的雪花，发挥自己的创意，挤出各种花纹吧！

Tip 一次使用不完的糖霜密封保存，可保存三天左右。

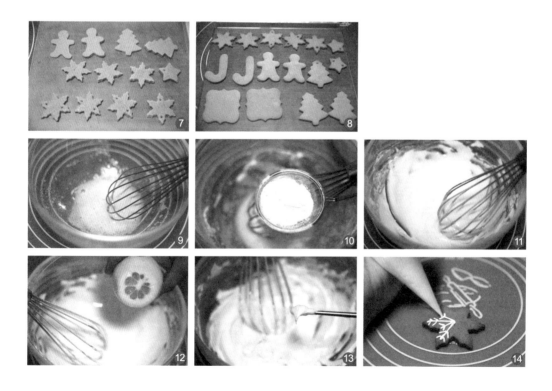

第四篇

四世同堂大团圆
——喜庆热闹团圆餐

欢声笑语、其乐融融的景象，永远都离不开一桌丰盛的团圆饭。

一家大小，互敬互爱，共叙天伦，围坐在热气腾腾的饭桌旁，

就是透着那么一股喜庆热闹劲儿。

为家人煮饭，就感觉自己是世界上最幸福的那个人。

梅菜扣肉，妈妈的贴心棉袄

　　梅干菜看看干涩，吃起来滋味却很深奥。扣肉看看肥腻，吃着却又顺滑。

　　两种食材稍加巧思，就能完美地结合在一起。制作简单，方便储藏，老人小孩都喜欢，也是适合年节的大菜。

　　我家的家传菜，我亲手做的香喷喷梅菜蒸扣肉，走过油的肉香而不腻，与梅菜特殊的味道相得益彰，趁热连着汤汁浇在米饭上，来一碗，肚子饿时的最大享受。看似复杂，但实际操作非常简单，而且还是一道大菜，特别适合贴秋膘。

☙ 配料

主料：猪肉（前臀尖）250克，梅菜1袋。

辅料：八角3颗，生抽10~20毫升，老抽10毫升，鸡粉1小勺，糖1小勺，料酒10毫升，水适量，小葱1根，香菜1根。

☙ 做法

1. 提前处理：有的梅菜干特别咸，为了泡开最好提前泡上，可以去除多余咸味最好能提前一晚泡上。

2. 肉用开水烫一下撇去浮沫，煮半小时左右。

3. 处理猪肉：为了将猪皮去油，并且紧实一下，把猪皮用锅煎一下，只煎猪皮那一面，这样切开的时候好操作。

4. 将肉皮向下，慢慢切开，尽量切成薄厚均匀的薄片。

5. 肉里面是微生的，过一会儿还要蒸，现在生一些是正常的。

6. 将切好的肉片整整齐齐地码放在一个盆中，从左到右码好，多余的肉以及切得不整齐的肉放到最上面。

7. 泡好的梅干菜，好好冲洗几次。梅干菜砂子很多，如果不好好洗会牙碜的。洗干净后去水，将梅干菜铺在步骤6的肉片上。

8. 取一个容器倒入生抽。

9. 倒入老抽。

10. 放入鸡粉、糖、料酒，将调料搅拌均匀。

11. 将八角放在梅干菜上面，将调好的调料倒入梅菜扣肉的盆中，慢慢地均匀倒入。

12. 将调料倒入后再将梅菜压一压，最后的状态是不要太湿润，但是一压能够看到汤汁是最好的状态。调好后，腌制两小时。

13. 铺上锡纸，两边不要压实，留一点儿空隙，放入锅中蒸 1~1.5 小时。锡纸是为了防止水汽进入碗中，蒸到后来可以看一下碗中是不是很湿润，如果不湿润，就将锡纸拿掉。

14. 梅菜扣肉蒸好了，打开盖子香气扑鼻。

15. 下面要将梅菜扣肉扣到盘中。找一个比蒸的时候用的碗大一圈的盆，将盆倒扣在碗上，要踏踏实实地扣上。因为蒸菜水分多，盆要有一点儿深度，整体翻转过来。

16. 翻转后，肉就在上面了，蒸之前如果码放得整齐，倒出后肉也会排列得很漂亮。撒上小葱或者香菜装饰后即可食用。

主菜

豉汁盘龙鳝，对味儿

　　盘龙鳝听着就高端大气上档次，第一次在酒楼吃到就惊奇它是怎么做成这个造型的，豉汁的焦香和白鳝的鲜滑相得益彰。豉汁盘龙鳝，今天奉上一道年底压箱底的大菜，绝对可以作为春节年夜饭的主菜。

　　我说的大菜就首先一定要大，盘子大，阵仗大，年夜饭上能压住整个桌面，放正中间的菜。

　　其次要新颖，一定要是大家平常在家做不了的，吸引眼球。

　　最重要的是操作简单。

配料

白鳝 1 条约 1 斤半。

豆豉 75 克，葱 1 段，姜 1 小块，蒜 2 瓣，料酒 20 克，蒸鱼豉油 30 克，蚝油 15 克，生抽酱油 20 克，糖 1 小勺，鸡精 1 小勺。

做法

1. 一定要使用新鲜的白鳝。

2. 将宰杀好的白鳝清洗干净，白鳝全身很滑，用布裹住头部，在热水中微烫一下马上捞起，用刀刮掉黏液和鳞片。

3. 从白鳝背部入刀，每隔 1cm 切一刀，从头部开始切到尾部，每刀切断骨头。将切好的白鳝盘在大盘中。

4. 准备材料，葱、姜、蒜切好，将料酒 20 克，蒸鱼豉油 30 克，蚝油 15 克，生抽酱油 20 克，糖一小勺，鸡精一小勺，放入一个小碗内。

5. 锅中放入少许油，放入葱、姜、蒜末炒香。

6. 随后加入豆豉翻炒几分钟，直至炒出豆豉香味。

7. 将步骤 4 中碗内调料倒入锅中，搅匀煮开。

8. 将步骤 7 中的酱汁均匀地浇在白鳝上面。

9. 起蒸锅，待水烧开后，将白鳝放入，中火蒸 7 分钟即可。

10. 出锅，撒上香葱末以及小辣椒点缀，完成。

主菜

糖醋排骨，光盘的力量

糖醋排骨对我来说是很有感情的一道菜，这个算是我给老公做的第一道菜了。虽然原来的手法青涩，但是也还记得第一次完成的喜悦。

🌸 配料

排骨 500 克，冰糖 50 克，醋 50 克，酱油 20 克，料酒 50 克，水 200 毫升，盐适量。

🌸 做法

1. 排骨选择小寸排，将排骨剁成 3~4 厘米的小段。

2. 将排骨洗净后，放在沸水中汆一下，除去血沫后捞出。

3. 锅中放入少许油，然后加入排骨，翻炒少许时间。

4. 在锅中加入冰糖。

5. 在锅中倒入酱油。

6. 倒入料酒，料酒是为了去腥。

7. 倒入醋，醋可以使用陈醋，口味依照自己习惯可以自行增加或者减少。在烹饪过程中，醋会随着温度升高而挥发。

8. 最后加入水，水量一定要没过排骨，可按照分量增加或者减少。加入所有材料后，小火开始炖排骨，大概需要 1 小时时间。

9. 开锅后可以将浮沫撇出，味道会更好。

10. 炖一小时左右，其间需要时常将所有材料翻炒，防止糊锅。收汤时要注意不要糊底，最后收到汤汁浓稠，恰到好处，就可以出锅了。

11. 装盘后可撒上芝麻点缀，即可食用。

手工牛肉汉堡，就喜欢热闹

　　谁能不爱牛肉汉堡呢？自制的汉堡鲜嫩多汁，野餐聚会的主角就是它了，绝对是轻食之主。

　　外拍野餐篮子系列，主打自制牛肉汉堡。汉堡是野餐首选食品，这次介绍的自制汉堡非常简单，不仅味道好，而且食材安全、营养丰富。牛肉汉堡排非常松软，咬开会流出肉汁。自制汉堡再配上新鲜蔬菜水果，就是丰富且美貌的野餐。

牛肉馅 6 两，鸡胸脯肉 1 块，洋葱半个，生菜半棵，西红柿 1 个，奶酪 4 片，汉堡面包 4 个。

辅料：盐适量，黑胡椒适量，料酒适量，鸡蛋 1 个。

◈ 做法

1. 准备食材，将所有蔬菜清洗干净。

2. 将洋葱切碎，切成尽量小的小块。将洋葱丁平均分为两份，一份是需炒熟加入肉馅，一份是生的加入肉馅。

3. 使用平煎锅，放入少量黄油，待黄油融化后，将步骤 2 中分好的一半洋葱丁放入锅中小火炒熟。

4. 待洋葱丁全部变为褐色，就可出锅备用。

5. 取一大盆，将牛肉馅、鸡胸脯肉（用料理机打成肉馅）、熟洋葱丁、生洋葱丁、鸡蛋、黑胡椒、料酒和盐，全部放入盆中。

6. 将所有材料搅拌为肉馅，仔细搅拌，直至肉馅上劲。

7. 随后用手将肉馅搓成小团，拍平成肉饼，放在油纸上。

8. 为了方便下锅，使汉堡排下锅的时候形状不变，需将油纸剪开，使每个汉堡排都放在一小块油纸上面。

9. 锅中加少许黄油融化，取一块汉堡排直接翻在锅中，将油纸撕掉，中火煎熟。

10. 直到汉堡排两面变色至焦黄取出锅即可。

11. 取一个汉堡面包，将汉堡排放在面包上。

12. 将奶酪片覆盖在肉排上。

13. 随后放上西红柿切片。

14. 最后加上生菜，再盖上面包，汉堡排就完成了。

15. 自制牛肉汉堡，再配上些新鲜水果和蔬菜，就是一份完美的野餐。

来自蒜茸粉丝开边虾的问候

　　蒜茸粉丝绝对是制作简单、味道超赞的典范了。不仅是蒜茸粉丝开边虾，蒜茸粉丝扇贝、蒜茸粉丝娃娃菜的制作都是很简单的，做多少都是一抢而光。

　　蒜茸粉丝开边虾，这是我家传统的一道宴客大菜——每次来客人必做，做完必被问做法，下次客人来点名还要吃的压桌菜——味道绝对比饭店做的好，而且此菜颜值高、阵仗大，放在桌上仅仅是外貌就很吸引人眼球了。

❀ 配料

大虾 20 只，粉丝 1 把，大蒜 10 瓣，油 20
克，鸡精 3 克，蒸鱼豉汁 5 克，生抽 5 克，
小葱少许。

Tip 其中调味鸡精或酱油等，可按照
自己的口味自行把握增减。

❀ 做法

1. 将粉丝放在碗中，用水泡发。

2. 待粉丝彻底泡软后，可以用剪子剪成小
段，沥干水分备用。

3. 制作蒜油：将蒜剥好后，洗净，搓成蒜末。

4. 锅中倒入 20 克油，将油烧热。

5. 分三次将油倒入，每次倒入 1/3 左右的
热油，随后将蒜油彻底搅拌，重复以上步
骤直到将热油全部倒入碗中。

6. 搅拌蒜油，直到蒜油温度降到可以用手
触碰碗，不再烫手的程度。

7. 此时加入鸡精后，彻底搅拌均匀，蒜油
就做好了。

8. 将虾洗净，用剪刀将虾头剪掉前段，将
虾后背剪开，挑去虾线。

9. 用刀将虾肉划上两三刀，这样蒸的时候
虾肉不会因为受热而卷得太厉害。

10. 取一圆盘，将步骤 2 中的粉丝放在盘中央。

11. 将虾在四周围绕摆开，呈花朵状。

12. 将做好的蒜茸，用小勺塞进每只虾的后背中。

13. 每只虾后背都要塞上蒜茸，塞好后稍微用勺子压一下，让蒜茸不会轻易掉落。

14. 蒸锅内放入适量水，随后将虾放入锅内。上气后盖上锅盖，蒸 8 分钟左右即可。

15. 虾蒸好了，从锅中取出。

16. 如果步骤 12 中有剩余的蒜茸可以都淋在虾和粉丝上面。

17. 另取一个容器，倒入蒸鱼豉油，再倒入生抽酱油，我比较喜欢李锦记的生抽酱油的味道，用勺子搅拌均匀。

18. 将步骤 17 中的调料淋在虾和粉丝上面。

19. 最后上桌之前，烧热少许油，泼在虾和粉丝上面，增加香气。

20. 最后撒上少许小葱和辣椒装饰，即可食用。

米粉肉，距离阻断不了亲情

唯有美食与爱不可辜负。前几日在朋友圈秀米粉肉，远在美国的二表姐和在北京却不常见的大表姐都回应说要学习这道菜。尤其是身在美国的表姐说，美国当地的中国馆子基本上都没有这道菜，很想念小时候大家一到周末就聚在姥姥家吃饭。我当时突然觉得，千山万水，距离、时差，都不是问题，美食就像一条线，勾起心底最深的记忆，连接着亲情和爱。

主料：五花肉500克，大米300克。

辅料：大料2个，五香粉适量，生姜粉适量，食盐适量，白糖1小勺，鸡粉1小勺，胡椒粉适量，料酒1大勺，酱油1大勺，植物油5克，水适量。

做法

1. 准备好所有材料。

2. 首先制作米粉：建议提前一天准备，将大米泡水放置一夜，待米粒充分吸收水分。

3. 第二天大米泡好了，将大米摊开晾干，其实也不必完全晾干，只要不是水淋淋的就可以了。

4. 大米晾干期间，将五花肉腌制，首先把五花肉切成均匀的薄片。

5. 放入食盐、白糖、胡椒粉、生姜粉，五香粉和鸡粉。

6. 加入料酒和酱油。

7. 将肉和调料抓匀。

8. 待米晾干后（晾干需要两小时左右），如果着急可以放入烤箱低温烘干（不过我还是建议自然晾干），起锅，小火，放入5克植物油。

9. 把大米倒入锅中，不停地翻炒，直至呈金黄色。

10. 炒至金黄色，出锅晾凉。

11. 将炒好的米放入食物料理机打碎，不用打得很碎，如图有半个米粒，有的是粉状就可以了。没有食物料理机的也可以捣碎。

12. 准备大料 3 小瓣。

13. 打碎成粉，这一步骤很重要，不要省略，米粉中提味就靠它了。

14. 把大料粉倒入米粉中，搅拌均匀。

15. 取腌制好的五花肉，一片片地蘸米粉。

16. 将蘸好米粉的五花肉放入碗中，多余的米粉倒入碗中即可。如果感觉剩余米粉较多又比较干，可适量加入水，保证米粉肉水分充足。

17. 放入锅中，蒸 1.5~2 小时，直至五花肉软糯。

18. 蒸好出锅。

19. 撒上小葱装饰，完成。

柠檬蒸鲈鱼，南国的味道

柠檬蒸鲈鱼是泰式名菜，久仰大名多年。原先在某知名泰菜馆尝试过一回，味道简直凄惨不堪。之后到泰国旅游的时候鼓起勇气再次尝试了一下，精艳的酸辣刺激了每个味蕾。味道真是完全不同，可能不是每个人都喜欢泰菜的酸辣，但是泰菜制作简单，味道清新爽口，喜欢的朋友可以尝试一下。

配料

鲈鱼1条，鱼露40克，青柠檬两颗，青椒、红椒若干，蒜瓣8~10瓣，鸡精少许。

做法

1. 处理鲈鱼：将鲈鱼切开，均匀地切几个刀口就可以了。

2. 鱼身上抹上少许盐，一定不要太多。

3. 柠檬蒸鲈鱼很注重料的调配，基本上所有味道都是在这一碗酱料中。鱼露倒入碗中，鱼露很咸，一般不需要另外加盐。

4. 将一个青柠檬挤汁，全部挤入装鱼露的碗中，挤过后的柠檬暂时不扔。

5. 青椒红椒各两根切成碎末备用。

6. 再取出青红椒各一个切成段备用。不能吃辣的可以适当减少辣椒。

7. 大蒜全部搓成蒜末。

8. 将青红椒末以及蒜末，放入刚才的盛鱼露和青柠檬的碗中。

9. 加入少许鸡精调味。

10. 将鲈鱼上面覆盖上刚才挤过柠檬汁的青柠檬，再将步骤9中的一碗酱料同时放入锅中，蒸8分钟，即可出锅。

11. 鲈鱼从锅中端出，倒掉蒸出来的汤，扔掉上面蒸过的柠檬皮。

12. 摆上切好的青红椒段，加上几片新鲜的青柠檬切片，再放上几片蒜片。将酱料摆在旁边，就完成啦！

蒜片和青柠檬很重要，吃的时候将青柠檬挤一挤，然后鱼肉和蒜瓣一起蘸料吃，很地道的泰国味！

蟹黄灌汤小笼包，热气腾腾的温暖

一个城市的美食，能让人想念整个城市，想念在那个城市生活的亲人。蟹黄灌汤小笼包是我超喜欢的点心，每次到上海都要吃上几回。蟹黄的霸道，汤汁的鲜甜，先慢慢喝掉汤汁，然后蘸上醋姜，浓浓蟹黄的味道充斥着口腔，回味无穷。让人想着就能微笑的美食。

🌸 配料

馅料：猪肉馅 250 克，蟹黄 100 克，猪板油 60 克，鸡蛋 1 个，酱油 10 毫升，盐 4 克，糖少许，料酒 10 毫升，大葱 1 段，姜适量。

包子皮：饺子粉 200 克，水 90 克，盐少许。

Tip 这些配料大约做 20 个，具体数量视包子大小而定。

🌸 做法

1. 在大闸蟹的季节，可以将蟹黄剥出，也可以买市售的剥好的蟹黄。

2. 将猪板油切成小块，入锅耗猪油，油渣儿扔掉不要。

3. 倒入蟹黄，小火翻炒一会儿，直到猪油和蟹黄融合，成为颜色漂亮的蟹黄油。

4. 蟹黄出锅，晾凉备用。

5. 灌汤必须得有肉皮冻。建议提前一天完成制作肉皮冻。猪皮洗干净拔毛。

6. 加入水，没过猪皮即可，如果中途水量不够可以补，加入少许盐和料酒。

7. 煮开后撇去浮沫。

8. 熬煮两个小时以上，猪皮就会变得软软的失去弹性了，这时候汤冻就差不多熬好了。

9. 猪皮捞出不用，把汤过滤一下，装入饭盒中（成型好），晾凉后放入冰箱冷藏。这个步骤建议提前一天制作，汤过夜后会凝结得很好。

10. 等待肉皮冻彻底凝结后，肉皮冻刮去上面的浮油，倒出来就是一块 blingbling 的白白嫩嫩肉皮冻，满满的胶原蛋白。

11. 切块备用，如果肉皮冻煮得比较多，可以只用一半，剩下的密封冷藏保存，留作下次再用。

12. 面皮的制作：将包子皮所有材料混合，揉成面团。包子皮的面团较硬，一定要有耐心、用力气地多揉一会儿，将面团揉成光滑、有韧性的面团，这样擀包子皮的时候才能将皮子擀得很薄，蒸出来才会晶莹剔透，口感才会好。揉好后盖好布醒半小时。

13. 在醒面的同时制作肉馅：将肉馅中猪肉馅、鸡蛋、酱油、盐、糖、料酒、大葱、姜等所需材料放入盆中搅拌均匀。

14. 放入之前制作好的蟹黄，搅拌均匀。

15. 最后放入肉皮冻切块，搅拌均匀。

16. 面团制作好后，切剂子，擀皮。

17. 擀皮的步骤，一定要将皮擀到很薄，能够透过皮子看到案板的纹路。如果前面揉面很到位的话，这一步会很轻松；不然这一步就有可能不会成功。

18. 放入肉馅，包包子。

19. 转圈儿将包子捏褶儿。

20. 最后中间不用封口。

21. 包好的包子放入笼屉。

22. 可在收口处点上一点蟹黄作为装饰。

23. 锅中上气后，蒸 8~10 分钟。不用蒸笼也可以，锅中放上屉布，直接摆上小笼包即可。

24. 刚出锅的小笼包应该是这样的，皮子晶莹剔透，夹起来软软的，里面的汤汁会往下坠，呼之欲出，想要这样的效果一定注意将皮擀得足够薄。

25. 小笼包请趁热食用。

主菜

谭家红焖大虾，相亲相爱一家人

　　这道红焖大虾确实是跟谭家菜大厨学习的，家庭式做法，不需要长时间准备烦琐材料，也不需要精确掌控火候，更不需要饭店的老虎灶。这是在家就可以尝试的家庭式做法，做出来的菜的味道和谭家菜基本上很像，制作的方法虽然看起来有点儿无理，却是千锤百炼之后的经验之谈，适合制作个头比较大的虾。

配料

主料：虾 8~10 只。

辅料：葱 1 小段，姜 1 小块，番茄酱 2~3 大勺，盐 3 小勺，糖 50 克，花生油 20 克。

做法

1. 如图剪开虾头。

2. 用剪刀剪掉虾脚。

3. 将虾背部剪开，挑去虾线。

4. 准备材料，将大葱切成小段、姜切成细丝、番茄酱、盐、糖各用容器盛装。

5. 起锅，放入适量油，再放入大虾煎一下，达到让大虾外面脆一些的目的。

6. 大虾外表一变色，煎红，立刻翻面，同样变色即可。

7. 取出摆放备用。

8. 另起一锅，放油，煸炒葱、姜。

9. 待散发出香味后，将葱姜捞出扔掉，锅中只留下煸葱、姜后的油。

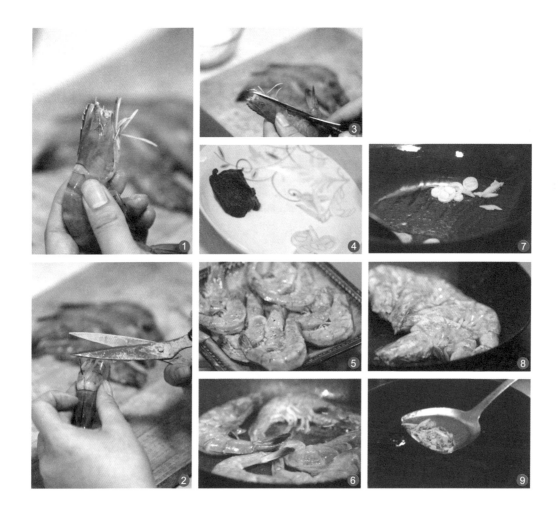

10. 放入番茄酱，煸炒一会儿，然后加水，水要没过所有虾，可多放一点儿。番茄酱的作用是取它的红色，成品颜色艳丽就是番茄酱的功劳，而最后的口感中基本上是吃不出番茄酱的酸的。

11. 放入 2~3 小勺盐，这里的盐量比平时炒菜要多，大家不要担心，至于放多少，大家尝一下放盐放到咸得有点儿微苦就合适了，这个因每人口味不同而有异。放这么多盐大家不要担心，最后不会咸；随后放入的一碗糖会和盐中和，甜味和咸味相互协调，同时又有一股口感上的冲击感，那是一股柔和的香甜味道。

12. 放入刚才煎好的虾，微微煮 1 分钟。

13. 随后放入糖，糖会和盐互相调和，中和咸味，同时产生一股柔和的香甜味道，既不会太咸也不会太甜。

14. 随后将虾再煮 3 分钟。

15. 把大虾捞出，装盘！酱汁留在锅中。

16. 酱汁留在锅中继续熬煮至浓稠，浓稠度至图中所示即可。由于糖分很多，所以会产生一点点熬煮焦糖的味道，很甜美。

17. 最后将酱汁淋在大虾上。

18. 完成啦！这款红焖大虾，酱汁口感浓郁，大虾本身没有什么味道，需要配合酱汁一起吃，味道刚好，再把酱汁浇到米饭上，口感非常搭配！

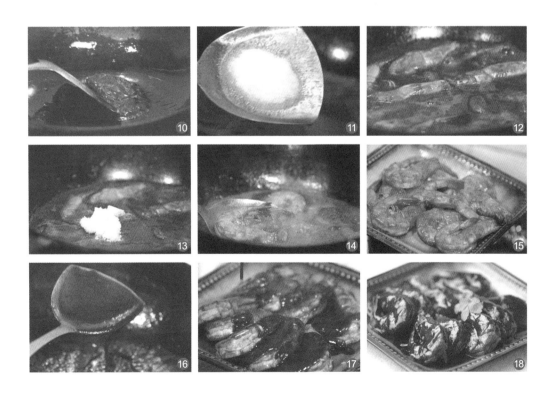

主菜

羊油麻豆腐，以文字下酒

　　羊油麻豆腐是老北京的一道菜，很多人接受不了它的味道，但是喜欢的人都爱到不行。麻豆腐的原料是压榨过后的豆腐渣，而相对的产品就是老北京另外一道有名的小吃——豆汁儿。吃上一勺，一定要配上炸得脆脆的辣椒。老北京，就是这个味儿！

配料

麻豆腐 1 斤，黄酱 150 克，羊油 150 克，黄豆 100 克，韭菜 3 两，水适量。

做法

1. 黄豆提前用清水泡开。

2. 锅中倒入少许油，随后将羊油倒入，小火将羊油煎化。

3. 持续中火煎羊油，当羊油逐渐变小，颜色变为焦黄就可以了。

4. 此时加入黄酱，继续翻炒至黄酱散发酱香。

5. 加入泡好的黄豆，翻炒均匀。

6. 加入足量的水，基本到锅中一半的水位。

7. 将麻豆腐一勺勺地放入锅中，使其容易在水中散开。

8. 随后翻炒麻豆腐，不停地翻炒，注意不要煳锅底，也不要沾在锅壁上，这一步骤比较费力，需要不停地翻炒 8~10 分钟。这一过程老人管它叫"麻豆腐大咕嘟"，也有人叫"糊"。

9. 翻炒后的麻豆腐成为均匀的糊状物。

10. 此时加入切好的韭菜。

11. 由于麻豆腐此时温度很高，韭菜非常好熟，翻炒片刻至均匀即可，出锅。

12. 出锅后，炸少许辣椒油淋上即可。

13. 完成。

鲷鱼两吃，胃口与幸福

金目鲷两吃——鲷鱼锅饭，以及味噌煮鱼头。鲷鱼锅饭直接用电饭煲煮的，特别方便，而且所有菜色都不添加任何油，非常健康。鱼肉蛋白质高脂肪低，食用鱼肉是控制热量的好选择。鲷鱼饭是日本节庆的主菜，鲷鱼红红的颜色，颜值颜高，而且营养丰富，味道鲜美。一鱼两吃，毫不浪费。

❄ 配料

鲷鱼 1 条，米 200 克，水适量。

味噌 20 克，味淋 10 克，盐适量，葱适量。

❄ 做法

1. 将鲷鱼清洗干净，头尾剁下。

2. 鱼中段横向劈开，劈为三片，两片鱼肉，中间是鱼骨。

3. 将收拾好的鱼放在烤盘中，放入烤箱 200 度烘烤 10 分钟左右，直至鱼皮变紧，鱼肉变为白色。

4. 将鱼头、鱼尾和鱼骨放入锅中，加入没过鱼骨的水熬煮鱼汤。加入适量盐和 10 克味淋，熬至鱼汤发白。

5. 将鱼汤盛出一半过滤后备用，这一半鱼汤用于煮鲷鱼饭，另外一半继续放在锅中熬煮用于做味噌鱼头。

6. 将大米淘好，放入电饭煲中，加入过滤出的鱼汤，水量和平时蒸饭时的水量一样即可。

7. 在米饭中加入适量盐调味，在顶部放上步骤 3 中微烤后的鲷鱼肉。

8. 设置蒸饭时间，和平时蒸饭时间相同，鲷鱼饭就做好了。

9. 出锅后，可以将鱼肉捣碎，抽出大刺即可，可配少许酱油食用。

10. 味噌煮鱼头：锅中还有继续熬煮的鱼头，在鱼头锅中放入 20 克味噌，将味噌放在勺子中，用筷子慢慢地搅拌直到味噌融化在汤中。继续熬煮 10 分钟左右即可。

11. 出锅，在鱼头上放上切成细丝的葱丝即可食用。完成，花点儿心思摆盘，就会成为一道不输日料店的料理。

生煎包，想起了你的城市

煎包是我的爱，爱，爱，爱，爱，没有最爱只有更爱！这次生煎包的方子是极好的，南方的闺蜜特意给我发的我最爱的江浙一带甜甜的生煎包的做法，很难得的是并不像我想象中那么麻烦，成功率也很高。重点是猪皮熬汤做冻，加入馅料中，肉馅中一定要放糖哦，不要放过多的盐，生煎包的特点是甜鲜。

☸ 配料

主料：面粉 250 克，水 130 克，酵母 3 克。

肉皮冻：猪皮 250 克，水适量。

肉馅：猪肉馅 250 克，酱油 1 大勺，鸡蛋 1 个，食盐 1 小勺，糖 3 小勺，料酒 1 勺，葱 1/2 根，姜 1 小块。

表面装饰：小葱适量，黑芝麻适量，白芝麻适量。

☸ 做法

1. 制作灌汤生煎包，最重要的就是制作肉皮冻。加入肉皮冻的肉馅，受热会变成生煎包的汤汁。

首先先制作肉皮冻：按照本章节中"灌汤蟹黄小笼包"中肉皮冻的制作方法制作肉皮冻（建议提前一天制作），并且切块备用。

2. 下面开始制作包子，首先制作包子皮，找个大盆放入面粉。

3. 加入酵母和水和面，揉匀即可，将面团盖上湿布醒半小时左右。

4. 醒面团的同时制作肉馅：将肉馅所有材料放入盆中，搅拌均匀。这里要说的是糖比较多，生煎包子就是要甜甜的。

5. 最后将步骤 1 中切块的肉皮冻放入，搅拌均匀，保证每个包子中都有一定量的肉皮冻，这样才能出汤。

6. 面团醒好了，搓长条做剂子，大概每个 20 克。

7. 擀皮，放入适量肉馅，包包子。

8. 包子收口要捏紧，保证煎的时候不会漏汤。

9. 使用平底不粘锅，倒入适量油，将包子排入锅中，微煎一会儿。

10. 倒入适量水，水的量大概以能铺满整个锅底为宜，盖上盖子。

11. 水散得差不多了，包子就煎好了，放入水后 5 分钟左右，看包子是否煎好，第一可以看水消失，第二可以轻轻翻起包子，底部焦黄就差不多了，火候把握还是要练几次才能熟练。

12. 出锅前撒上黑白芝麻和小葱，就完成啦。

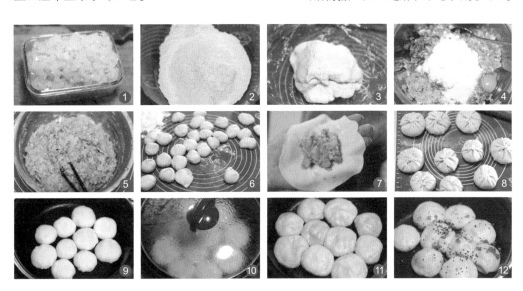

团圆大餐 1：葱烧海参

　　好的干货需要发上好几天，下功夫的菜会得到食材的回报的。葱烧海参，用传统的冷热法发了六天共循环五次。这样发出来的海参是脆的，口感极好。酱汁也和平时的海参做法味道完全不同，我记得吃过家里做的软绵绵黑乎乎还出水的海参，这道菜绝对让你对家庭版海参印象改观！

　　先教大家发海参的方法，无敌详细步骤和说明，保准学会！

　　葱烧海参作为中国的传统名菜，虽然制作方法比较烦琐，也会让人觉得比较浪费时间。但最后的成果也绝对是值得的，连葱段都会觉得那么美味，海参的口感无敌之好。

❀ 配料

海参3根，纯净水若干。

葱白8段，油20克，蚝油10克，生抽15克，糖8克，料酒15克，胡椒粉少许，鸡精少许，水40毫升，淀粉水（淀粉＋水调开）50克（实际用量制作时酌情添加）。

❀ 做法

1. 所用的海参是普通的干海参，需要泡发以及开膛清理内脏。泡海参每个人都有不同看法，我不喜欢软软的毫无弹性的海参，所以我使用的是饭店泡发海参的比较耗时、比较讲究的方法，泡发的海参口感极棒。

2. 发海参的详细方法。

第一天：首先将要泡发的海参放入容器中，加入纯净水，纯净水需完全没过海参。将海参常温下泡发24小时。

Tip 必须使用纯净水，不要使用自来水。

3. 第二天：这时候可以看到海参比第一天大一点点了。

4. 锅中加入新的纯净水，将海参放入锅内，中火煮开。水开后即可关火，静置放至常温。

5. 待海参晾凉至常温后，在容器中加入新的纯净水。

6. 锅中的水不要，只将锅中的海参全部放入碗中。

7. 放在冰箱内，冷藏泡发24小时。

8. 第三天：重复上述步骤，此时看到海参在一点点地发大，也慢慢变软。

9. 锅中放入纯净水，将海参放入煮开，随后静置放凉。

10. 碗中换新的纯净水，将晾凉的海参放入碗中，继续放冰箱冷藏24小时。

11. 第四天：这一天需要将海参开膛清洗，在煮海参前，将海参底部用剪刀剪开。

12. 掏出内脏，彻底清洗海参的内部，洗去残留泥沙。

13. 随后重复之前的步骤，锅中放入纯净水将海参放入煮开，随后静置放凉。

14. 碗中换新的纯净水，将晾凉的海参放入碗中，继续放冰箱冷藏 24 小时。

15. 随后的两天重复上述步骤。

海参一共泡发 6 天，共重复 5 次煮开晾凉、放入冰箱冷藏泡发的步骤。

直到海参完全泡发，捏起来很有弹性。试一下海参的软度，用手指掐一小块海参，可以轻松掐断。这时海参就泡发好了。

Tip 不同种类的海参可能泡发时间不同，可自行调整泡发的天数。

16. 准备葱烧海参的材料：葱烧海参的葱，只用葱白的部分，且越靠后的葱白越好。

17. 锅中放入 20 克油，将 5 段葱白放入锅中，小火慢慢地焙葱油。

18. 一定要小火慢慢地煎葱段，直到葱段煸软，呈焦黄乃至黑色。此步骤大概需要 7 分钟。

19. 将变黑的葱段捞出，扔掉不用。

20. 葱油留在锅中，继续加入新的 3 段葱白，继续小火煎葱段。此次葱段煎到焦黄即可出锅，不要把葱段煎黑。

21. 将葱段盛出放在盘中备用。

22. 葱油继续留在锅中，在锅中放入蚝油 10 克、生抽 15 克、糖 8 克、料酒 15 克、胡椒粉少许、鸡精少许和水 40 毫升，煮开。

23. 将海参放入锅中，煮 3 分钟。

24. 随后将海参盛出来，放在一边备用。

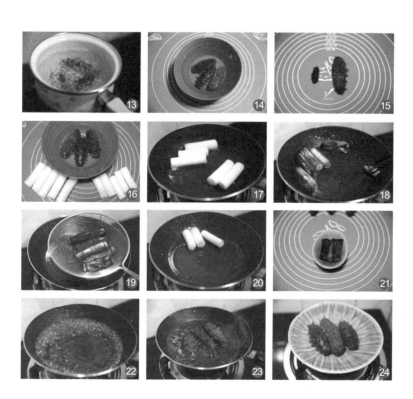

25. 锅中加入淀粉水（淀粉＋水调开）勾芡，淀粉水共调50克，加入锅时可一勺一勺地添加，边添加边观察状态，不要一次性加入。

Tip 淀粉水可能会有剩余，不是必须全部用完的。

26. 当汤汁黏稠到可以微微挂在勺子上一层的时候，勾芡就做好了。

27. 将海参和葱段摆盘，可在旁边放上少许绿色青菜点缀。

28. 将勾好的芡汁淋在海参上面，就完成了。

29. 完成，即可食用。

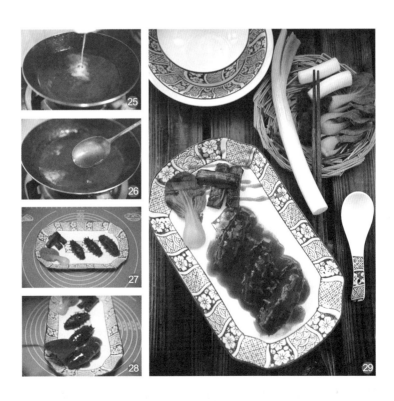

团圆大餐2: 椰浆燕窝

　　冰糖椰浆红枣燕窝，是非常养生的一道甜品。其实炖燕窝是很简单的，尝试后会觉得比之前想象的简单很多。这道菜谱首先教大家从发燕窝开始，一步步炖出健康又美味的燕窝。品质好的燕窝晶莹剔透，特别补气血，对皮肤也好，吃后觉得皮肤滑溜溜的。现在养生的大潮让大家经常接触到燕窝，其实简简单单就可以做出好吃的燕窝了，大家都可以试试。

❀ 配料

燕窝 1 盏，纯净水适量。

椰浆 150 克，糖适量，红枣 5 枚。

❀ 做法

1. 燕窝买的是这种一盏一盏的，每次吃一盏燕窝就可以。首先，教大家发燕窝的方法。

2. 将燕窝放在大小适中的碗中。

3. 倒入纯净水，水要完全没过燕窝。

4. 泡 1 小时后，用镊子将燕窝中的小毛一根根地夹出来，清理完整个燕窝。

5. 如果遇到边角比较硬的燕窝，可以用手将边角撕开。随后继续浸泡 5 小时，也就是泡发一盏燕窝的时间总共为 6 小时。

6. 随后将燕窝从浸泡的水中捞出，放入蒸盅中，放入适量的纯净水，水量与燕窝平齐即可。

7. 取大锅，待水烧开后，将整盅放入水中，隔水蒸燕窝 20 分钟。

8. 待燕窝蒸好后，随自己口味放入冰糖。一般卖燕窝的地方都有专用的冰糖，品质好，和燕窝很配。

9. 随后倒入椰浆。

10. 随后再放入红枣，食用即可。

11. 好的燕窝晶莹剔透，非常养生哦！

养生餐

团圆大餐3：养生小米海参

　　小米海参，非常养生的一道菜。小米是经常和海参一起来吃的，两者一起吃对健康非常有利。小米海参其实制作过程非常简单，海参和小米粥都是单独制作，上桌时候放在一起。据说小米海参是海参最养人的吃法了。

配料

海参 1 根，纯净水若干。

小米 100 克，水 1 升，盐适量，鸡精适量。

做法

1. 一人份使用一根海参，需要做几人份就泡发几根海参。按照本章中"葱烧海参"中发海参的步骤发好海参。

2. 100 克小米洗净后放入砂锅。

3. 加入 1 升的水。

4. 熬煮 15~20 分钟至黏稠，随后加入少许盐和鸡精调味。

5. 在小米粥上放上海参以及一小片嫩油菜作为配菜。

6. 小米海参就做好了，是不是非常简单啊！

养生餐

团圆大餐 4：海参蛋羹

　　海参蛋羹，养人的海参配上好消化的蛋羹，就像是给小朋友和老人专门订制的一样，给病人也很合适，有营养、好吸收。

☙ 配料

鸡蛋 1 个，水 120 克，海参 1 根。

生抽 20 毫升，香油少许，葱花少许。

☙ 做法

1. 将鸡蛋打入盆中，用打蛋器打散。

2. 将鸡蛋液过滤入碗中，可以滤出大量泡沫及杂质，可以使蛋羹更柔化。

3. 鸡蛋液滤入碗中，可以用牙签戳破大气泡。起蒸锅，将碗放入蒸锅蒸约 10 分钟，即可出锅。

4. 切碎发好的海参（按照本章中"葱烧海参"中的方法发海参，此时海参已经熟了），并且准备少许葱花。

5. 将生抽、香油以及葱花和海参撒在蛋羹上，海参蛋羹就做好了。

餐后

白桃派，好好聚聚

杏仁奶油白桃派，漂亮的外表加有内涵的味道。桃子和杏仁奶油绝妙的组合，表层的光泽大大为外表加分，这一漂亮的涂层摒弃了味道不好的鱼胶或者镜面果胶，而改用了杏子果酱，杏子酱微酸的口感点缀为这道派大大添彩。尤其值得一说的是，这道派派皮基本无糖，杏仁奶油糖量很低，是一道真正的低糖甜品。

☺ 配料（8寸派盘）

派皮：黄油120克，水45毫升，蛋黄2个，低筋面粉200克，盐少许，白砂糖10克。

杏仁奶油馅：（约300克）

杏仁粉100克，糖粉60克，牛奶5克，全蛋液50g，黄油80克，奶油10克，香草精少许。

辅料：可可粉5克，罐头白桃4块（对半切开）。

表面装饰：杏子果酱50克，水少许，糖粉适量。

☺ 做法

1. 首先制作派皮，准备材料。

2. 将黄油软化至室温，用电动打蛋器低速搅打均匀，不要打过长时间，也不要打发。如果打入过多空气，会影响派皮的口感。

3. 将水45毫升、蛋黄2个、盐少许和白砂糖10克用手动打蛋器混合均匀。

4. 将步骤3中的蛋液分7~8次加入黄油中，用电动打蛋器搅打均匀。由于在黄油中加入水质不易混合，所以每次要搅打均匀后再加入下一次的蛋液。

5. 要有耐心地每一次都搅打均匀，经常使用刮刀将附着在盆壁上的黄油刮至中间，继续搅打。直到所有蛋液全部搅打均匀，成为蓬松的状态。

6. 将低筋面粉200克过筛，加入黄油中。

7. 用刮刀将面粉拌入黄油中。

8. 当整体面团呈粗颗粒状态时，将碗壁的面粉刮干净。

9. 随后改用手将面粉揉成团。

10. 用手将面团按成2厘米厚，用保鲜膜包裹好，放入冰箱冷藏两小时。

11. 下面制作杏仁奶油酱，准备材料。

12. 将杏仁粉100克、糖粉60克、牛奶5克和香草精，用打蛋器低速混合均匀。

13. 加入全蛋液 50 克混合均匀。

14. 加入鲜奶油 10 克混合均匀，此时出现粉类和液体微微分离也没有关系。

15. 将黄油 80 克软化至室温，可以轻松捅入一指状态。

16. 将软化的黄油搅拌均匀后分三次加入混合物中。

17. 加入黄油后，以低速充分搅打均匀。

18. 确保所有材料全部混合均匀，成为如图均匀黏稠的状态。

19. 取出冷藏好的派皮，将派皮擀成 3 毫米厚。

20. 将擀好的派皮放在派盘中，用擀面杖在派盘上滚一圈，切掉多余的派皮。

21. 用叉子间隔地在派皮上打孔。

22. 取一半制作好的杏仁奶油酱，加入 5 克可可粉。

23. 搅拌均匀，变成可可味杏仁奶油酱。

24. 将可可味杏仁奶油酱装入裱花袋，平铺在派盘中。

25. 随后将剩余的另外一半原味杏仁奶油酱平铺在可可味杏仁奶油酱上面。

26. 取 4 块对半切开的罐头白桃。

27. 将白桃切片后，对称摆在派盘中。

28. 在白桃的空隙间，用指尖涂上少许可可味杏仁奶油酱。这道工序会让你的派看起来更美观。

29. 放入预热好的烤箱，175 度烘焙，约 40 分钟。

30. 烤好出炉后，用喷枪微微烤白桃的表面，烤至微微焦黄，呈现漂亮的纹理。如果没有喷枪，此步骤可以省略。

31. 表面装饰：取 50 克杏子果酱放入锅中，加入适量水，小火熬煮果酱，边搅拌边煮开。

水的量因每种果酱不同而酌情加入，达到最佳状态即可。

32. 果酱熬煮过稀不容易挂住，过稠则不容易涂抹。最佳状态是煮至用刮刀舀起时呈缓慢落下即可。

33. 将果酱用刷子均匀地刷在白桃派上。

34. 白桃派完成。切开后可以看到不同颜色的酱，使白桃派很美观。

炒红果，红红火火

这又是一道老北京传统的吃食，带给原来贫寒的冬季水果的味道。现在就算是冬季水果应有尽有，但是炒红果酸甜的味道，还是让它成为大家喜欢的一道甜品。

配料

红果 500 克，冰糖 100 克，砂糖 50 克，水 150 毫升。

做法

1. 炒红果做法，如果没有冰糖可以只用砂糖，或者绵白糖也可以。红果切开去籽，也可以用笔帽从中间插进去就可以去除籽了。

2. 处理好的红果清洗干净，放入锅中，加入水，水的量自行调节，以基本上和红果平齐为准，放入冰糖。

3. 中火煮 10~15 分钟，红果就软嫩了，这时候放入余下的糖。

4. 再熬煮 5 分钟，直至黏稠，就可以出锅了，放置冰箱冷藏一晚后食用更加。

餐后

粽子，蒸蒸日上

粽子真是百家百样，粽子该吃甜的还是咸的，每年都打得不可开交。这次我做的是北京比较常见的，我从小吃到大的，豆沙江米粽子。使用干粽叶包粽子，马莲草缠绕，蒸熟后撒白糖食用。

⊛ 配料

江米 500 克，粽叶适量，马莲草适量，红豆 300 克，砂糖 90 克，制作 10~12 个粽子。

⊛ 做法

1. 选择圆头糯米，就是如图这种。包粽子的季节，商家大都只卖圆头糯米。

2. 用水浸泡糯米。关于糯米浸泡时间，说法不一，有说提前一晚上的，有说泡越久越好的，也有说千万别泡太久的。我泡了 4 小时左右，实践做出来的粽子没问题，不会夹生。

3. 浸泡后的米充分吸满了水分。

4. 在浸泡糯米这段时间，可以做如下准备。把粽叶根部剪掉一点，这样比较好操作。然后也将粽叶浸泡起来。

5. 粽叶浸泡过会变软，但干粽叶一般比较硬，所以浸泡还不够，需要煮一下。一定要煮到可以轻松弯曲的状态，包粽子才不

容易露米。大锅做开水，将粽叶慢慢放入，全部都没进水煮一会。

6. 马莲草绳也要煮一下，变成柔软的状态。粽叶和马莲草煮后用清水泡着备用。

7. 在浸泡糯米这段时间制作豆沙馅，红豆洗净浸泡半小时。

8. 高压锅中加入适量水，红豆放入高压锅中，水要没过红豆，压 30 分钟左右，将豆子煮到全部软烂一捏就散了的状态。

9. 放入食物料理机中，打成豆沙。

10. 随后起锅放入少许油，将豆沙放入锅中翻炒。

11. 加入白糖，继续翻炒，去掉水分，这个过程叫作"糊豆沙"。随着水分渐渐减少，豆沙馅会越来越黏稠，小火不停翻炒，不要糊底。

12. 最后豆沙的状态是一捏可以成团，比较干就可以了。

13. 包粽子：两片粽叶包一个粽子，一定要粽叶正面朝内包，如图，粽叶的叶脉凹下去的那面是正面。这样比较好包，不容易裂。

14. 我包的是四角粽子，首先是卷一个锥子型，如图，锥子型大概卷在离粽叶根部1/3 的位置比较好操作，要卷紧握紧。

15. 底部放一点儿糯米，需要尖部卷得够紧才不露米。

16. 随后放入一块豆沙馅。

17. 上面填上糯米，稍微抹平，我的经验是糯米不要放太满，离上沿要有一点儿距离，距离稍大一点儿好包上。对于新手来说容易些。

18. 四角粽子是指粽子有四个角，上面要有三个角，加上下面那个角，就是四角了，这面要出现三个角，就需要用右手虎口部位以及拇指食指如图手势，固定住粽子。

19. 把两个边沿折叠进去就形成一个角了，这时候右手还是要同样姿势固定住，左手压一下两个边沿固定一下。

20. 另一只手捏住上面的粽叶覆盖下来，同时右手固定形状，粽叶覆盖下来后包裹住整个粽子。

21. 包好后整理粽叶，捏紧粽子不要松散。

22. 用马莲草将粽子系住，打结。

23. 包好待煮的粽子要放在凉水里面泡起来。

24. 煮粽子的水要没过粽子，粽子之间要有距离，高压锅开锅后再煮 30 分钟左右。

25. 关于粽子出锅时的问题，可以过凉水，吃的时候粽子不粘叶子，很好剥开。可撒些白砂糖一起食用。

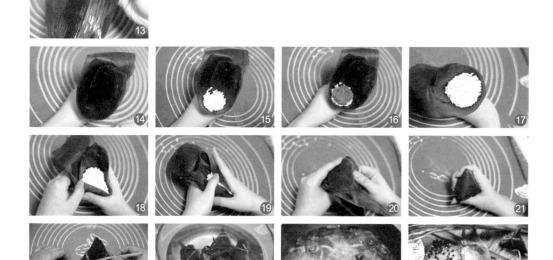

餐后

甜蜜蜜松饼，头顶头吃的美食

松饼是最适合当早餐的啦。早上花不了几分钟就可以让家人吃上一顿热乎乎的美味餐点，热乎乎的松饼，淋上黄油和枫糖，看着黄油慢慢融化是一种享受。再配上春天的新鲜水果，味觉和视觉上双重享受！

主料：约制作 6 张松饼。

面粉 260 克，牛奶 260 克，鸡蛋 2 个，黄油 40 克，白砂糖 50 克，泡打粉 8 克。

装饰：枫糖浆适量。

❀ 做法

1. 将黄油放入大盆中融化至液态。

2. 倒入牛奶，搅拌均匀。

3. 将鸡蛋打入碗中打散，加入砂糖。

4. 将砂糖和鸡蛋充分搅拌均匀。

5. 倒入步骤 2 牛奶和黄油的混合物中，搅拌均匀。

6. 面粉和泡打粉混合过筛后，筛入步骤 5 中。

7. 用打蛋器充分搅拌，混合为有流动性的面糊。

8. 使用平煎锅，不需要放油，直接盛一勺面糊倒入锅中，小火煎 1 分钟左右。

9. 直到面糊表面出现大气泡，马上翻面。

10. 翻面后再煎 1 分钟左右，注意不要糊了。

11. 松饼就做好了，作为早餐可以搭配上当季的新鲜水果，尤其是草莓、蓝莓和树莓的组合，美味又美貌。吃的时候趁热放上一小块黄油，淋上枫糖浆。